动物
百科

常见海水动物

动物百科编委会　编著

中国大百科全书出版社

图书在版编目（CIP）数据

常见海水动物 / 动物百科编委会编著 . -- 北京：中国大百科全书出版社，2025. 1. --（动物百科）.
ISBN 978-7-5202-1686-9

Ⅰ . Q958.8-49

中国国家版本馆 CIP 数据核字第 20254DF688 号

总 策 划：刘　杭　　郭继艳
策划编辑：张会芳
责任编辑：张会芳
责任校对：梁嬿曦
责任印制：王亚青
出版发行：中国大百科全书出版社有限公司
地　　址：北京市西城区阜成门北大街 17 号
邮政编码：100037
电　　话：010-88390811
网　　址：http://www.ecph.com.cn
印　　刷：唐山富达印务有限公司
开　　本：710mm×1000mm　1/16
印　　张：10
字　　数：100 千字
版　　次：2025 年 1 月第 1 版
印　　次：2025 年 1 月第 1 次印刷
书　　号：ISBN 978-7-5202-1686-9
定　　价：48.00 元

—— 总　序

　　这是一套面向大众、根植于《中国大百科全书》第三版（以下简称百科三版）的百科通俗读物。

　　百科全书是概要记述人类一切门类知识或某一门类知识的完备的工具书。它的主要作用是供人们随时查检需要的知识和事实资料，还具有扩大读者知识视野和帮助人们系统求知的教育作用，常被誉为"没有围墙的大学"。简而言之，它是回答问题的书，是扩展知识的书。

　　中国大百科全书出版社从 1978 年起，陆续编纂出版了《中国大百科全书》第一版、第二版和第三版。这是我国科学文化建设的一项重要基础性、标志性、创新性工程，是在百年未有之大变局和中华民族伟大复兴全局的大背景下，提升我国文化软实力、提高中华文化国际影响力的一项重要举措，具有重大的现实意义和深远的历史意义。

　　百科三版的编纂工作经国务院立项，得到国家各有关部门、全国科学文化研究机构、学术团体、高等院校的大力支持，专家、学者 5 万余人参与编纂，代表了各学科最高的专业水平。专家、作者和编辑人员殚精竭虑，按照习近平总书记的要求，努力将百科三版建设成有中国特色、有国际影响力的权威知识宝库。截至 2023 年底，百科三版通过网站（www.zgbk.com）发布了 50 余万个网络版条目，并陆续出版了一批纸质版学科卷百科全书，将中国的百科全书事业推向了一个新的高度。

　　重文修武，耕读传家，是我们中国人悠久的文化传承。作为出版人，我们以传播科学文化知识为己任，希望通过出版更多优秀的出版物来落实总书记的要求——推动文化繁荣、建设中华民族现代文明，努力建设中国式现代化强国。

为了更好地向大众普及科学文化知识，我们从《中国大百科全书》第三版中选取一些条目，通过"人居环境""科学通识""地球知识""工艺美术""动物百科""植物百科""渔猎文明""交通百科"等主题结集成册，精心策划了这套大众版图书。其中每一个主题包含不同数量的分册，不仅保持条目的科学性、知识性、准确性、严谨性，而且具备趣味性、可读性，语言风格和内容深度上更适合非专业读者，希望读者在领略丰富多彩的各领域知识之时，也能了解到书中展示的科学的知识体系。

衷心希望广大读者喜爱这套丛书，并敬请对书中不足之处给予批评指正！

《中国大百科全书》编辑部

"动物百科"丛书序

　　全球已知有 150 多万种动物，包括原生动物、多孔动物、刺胞动物、扁形动物、线形动物、苔藓动物、环节动物、软体动物、节肢动物、棘皮动物、脊索动物等，个体小至由单细胞构成的原生动物，大至体长可达 30 多米的脊索动物蓝鲸，分布于地球上所有海洋、陆地，包括山地、草原、沙漠、森林、农田、水域以及两极在内的各种生境，成为自然环境不可分割的组成部分。

　　除根据动物分类学将动物分类外，还可根据动物的种群数量、生活环境、对人类的利弊、生物习性等进行分类。有的动物已经灭绝，有的动物仍然生存繁衍。但现存动物中一部分已经处于濒危、近危、易危状态，需要我们积极保护。还有一部分大量存在的动物，有的于人类相对有益，如家畜、家禽、鱼虾蟹贝类、传粉昆虫、害虫的天敌等，是人类的食物来源和工业、医药业的原料，给人类的生存和发展带来了巨大利益；有一些动物（如猫、狗）是人类的伴侣，还有一些动物可供观赏。有些动物于人类相对有害，破坏人类的生产活动（如害虫、害兽）或给人类带来严重的疾病。动物的生活环境也不尽相同，有终生生活在陆地上的陆生动物，有水陆两栖的两栖动物，有终生生活在水中的水生动物，其中水生动物还可分为淡水动物和海水动物。此外，自然界的动物习性多样，有的有迁徙（洄游）习性，有的有冬眠习性。

　　为便于读者全面地了解各类动物，编委会依托《中国大百科全书》

第三版生物学、渔业、植物保护学、畜牧学等学科内容，组织策划了"动物百科"丛书，编为《灭绝动物》《保护动物》《有益动物》《有害动物》《常见淡水动物》《常见海水动物》《畜禽动物》《迁徙动物》《冬眠动物》等分册，图文并茂地介绍了各类动物。必须解释的是，动物的有害和有益是相对的，并非绝对的；动物的灭绝与否、受保护等级等也会随着时间发生变化，本丛书以当前统计结果为依据精选了相关的内容。因受篇幅限制，各类动物仅收录了相对常见的类型及种类。

　　希望这套丛书能够让更多读者了解和认识各类动物，引起读者对动物的关注和兴趣，起到传播科学知识的作用。

动物百科丛书编委会

目 录

第 **1** 章　鱼类　1

第2章 虾类 79

第3章 蟹类 91

第4章 贝类 99

鱼类

海 龙

海龙是动物界脊索动物门硬骨鱼纲辐鳍鱼亚纲刺鱼目海龙科中一类小型海洋鱼类的统称。又称杨枝鱼、管口鱼。

海龙科已知至少有 58 个属 307 个种。海龙和海马均为海龙科鱼类，其中海龙是中国沿海渔获习见种，可入药。分布在大西洋、印度洋和太平洋，主要在暖温带至热带。

海龙因形似传说中的龙而得名，种间表型变异丰富。体高大于体宽，长 20 ～ 40 厘米，体侧扁，中部直径 2 ～ 2.5 厘米。头部前位具管状长嘴，口裂小，无牙齿；眼睛较大，圆形，眼距较宽，眼眶突出；鼻孔每侧两个，较小，不明显。体表没有鳞片，无腹鳍；躯干部有骨环包被，呈七棱形，由躯干向尾端渐细，尾部骨环呈四棱形，尾巴卷曲。鳃盖突出，鳃孔窄小。常见种类有叶海龙、粗吻海龙、刁海龙、拟海龙等。

带状多环海龙

海龙属于近海暖水性小型鱼类，多栖于海洋近岸与岛礁区域的海藻丛中。海龙游动缓慢，以管状长嘴吸食水生生物。海龙善于伪装和藏匿，常常通过模拟生存环境中海草或大型藻类的形态，或躲在洞穴或缝隙中，或通过其坚硬的骨环来避免被捕食。

海龙全年皆可繁殖。繁殖时，雌鱼将成熟的卵排入雄鱼腹部或尾部的囊状育儿袋，卵在囊袋受精孵化，待胚胎发育成熟后由雄鱼"分娩"出来，刚出生的仔鱼即可自由活动，但它们不马上离开亲鱼，一直由雄鱼照料至可以自主觅食。若遇可能的危险，海龙仔鱼可钻入雄鱼的育儿袋躲避，确保其生命安全。

蝴蝶鱼

蝴蝶鱼是动物界脊索动物门硬骨鱼纲鲈形目蝴蝶鱼科鱼类的统称。游泳时似飞行中的蝴蝶，故名蝴蝶鱼。有些学者将本科分为蝴蝶鱼科及刺盖鱼科。蝴蝶鱼多作观赏鱼。

◆ 分布

蝴蝶鱼约有 18 属 190 种。蝴蝶鱼分布于大西洋、印度洋和太平洋的热带和暖温带海洋珊瑚礁海域。中国产蝴蝶鱼科有 14 属约 57 种，主要分布于南海，只有少部分进入东海南部。

◆ 形态特征

蝴蝶鱼体甚侧扁而高，菱形或近于卵圆形。口小，前位，略能向前伸出。两颌齿细长，尖锐，刚毛状或刷毛状；腭骨无齿。鳃盖膜多少与鳃峡相连。椎骨 10+14。后颞骨固连于颅骨。侧线完全或不延至尾鳍基。体被中等大或小型弱栉鳞，奇鳍密被小鳍，无鳞鞘。臀鳍有 3 鳍棘；尾鳍后缘截形或圆凸。颜色都特别鲜艳,体色与所在区域的珊瑚颜色相似;在尾柄与背鳍之间常有眼形黑圆斑,这是蝴蝶鱼类的一大特征。蝴蝶鱼的体形和颜色与海水神仙鱼类相近,很容易混淆。

◆ **种类**

蝴蝶鱼中主要观赏种类有:①人字蝶。分布于印度洋及太平洋海域。水族箱饲养条件下,人字蝶最大体长可达 19 厘米。可投喂鲜碎肉、浮游动物性饵料和人工专用配合饵料养殖人字蝶。人字蝶宜饲养在体积在 200 升以上的水族箱中。②月光蝶。又叫背蝴蝶鱼。月光蝶分布于印度洋及太平洋岩礁水域。水族箱饲养条件下,月光蝶最大体长可达 21 厘米。月光蝶杂食性,可投喂藻类、冰鲜无脊椎动物和人工专用配合饵料。月光蝶宜饲养在体积在 300 升以上的水族箱中。③印度三间蝶。印度三间蝶分布于印度洋珊瑚礁水域。水族箱饲养条件,印度三间蝶最大体长可达 29 厘米。印度三间蝶杂食性,可投喂藻类、冰鲜无脊椎动物和人工专用配合饵料。印度三间蝶宜饲养在体积在 400 升以上的水族箱中。④天青蝴蝶鱼。天青蝴蝶鱼分布于红海珊瑚礁水域。水族箱饲养条件下,天青蝴蝶鱼最大体长可达 14 厘米。天青蝴蝶鱼肉食性,可投喂鲜碎肉、冰鲜无脊椎动物和人工专用配合饵料。天青蝴蝶鱼宜饲养在体积在 200 升以上的水族箱中。⑤月眉蝶。月眉蝶分布于印度洋及太平洋岩礁水域。水族箱饲养条件下,月眉蝶最大体长可达 21 厘米。月眉蝶杂食性,可投喂藻类、冰鲜无脊椎动物和人工专用配合饵料。月眉蝶宜饲养在体积在 200 升以上的水族箱中。⑥八带蝴蝶鱼。八带蝴蝶鱼分布于印度洋及太平洋岩礁水域。水族箱饲养条件下,八带蝴蝶鱼最大体长可达 13 厘米。八带蝴蝶鱼肉食性，可投喂鲜碎肉、冰鲜甲壳类动物和人工专用配合饵料。八带蝴蝶鱼宜饲养在体积在 200 升以上的水族箱中。⑦铜间蝴蝶鱼。铜间蝴蝶鱼分布于印度洋及太平洋珊瑚礁海域。水族箱饲养条件下，铜间蝴蝶鱼最大体长可达 20 厘米。铜间蝴蝶鱼肉食性，可投喂鲜碎肉、冰鲜甲壳类动物和人工专用配合饵料。铜间蝴蝶鱼宜饲养在体积在 200 升以上的水族箱中。⑧网纹蝴蝶鱼。网纹蝴蝶鱼分布于印度洋及太平洋海域。水族箱饲养条件下，网纹蝴蝶鱼最大体长可达 17 厘米。网纹蝴蝶鱼肉食性，可投喂浮游动物性饵料和人工专用配合饵料。网纹蝴蝶鱼宜饲养在体积在 200 升以上的水族箱中。⑨冬瓜蝶。冬瓜蝶分布于印度洋及太平洋珊瑚礁水域。水族箱饲养条件下，冬瓜蝶最大体长可达 17 厘米。冬

蝴蝶鱼

瓜蝶肉食性，可投喂鲜碎肉、冰鲜甲壳类动物和人工专用配合饵料。冬瓜蝶宜饲养在体积在 200 升以上的水族箱中。

◆ **生活习性**

蝴蝶鱼一般个体较小，数量较少，生活在热带珊瑚海区。蝴蝶鱼生性活泼，行动迅速，性胆怯，常隐身于珊瑚礁石间。蝴蝶鱼以浮游甲壳动物、珊瑚虫、蠕虫、软体动物和其他微小动物为食。蝴蝶鱼对水质要求较高，要求海水的相对密度为 1.020～1.023，水温 26～30℃，pH 在 8 以下。蝴蝶鱼很容易因水质改变而产生不适，发生严重的拒食现象。

蝴蝶鱼肉食性或杂食性，水族箱饲养条件下最大体长 13 ～ 21 厘米，不同种类略有差异。

海　马

海马是动物界脊索动物门硬骨鱼纲海龙目海龙科海马属鱼类统称，属珍贵海产药用鱼类。因头部如马头而得名。

◆ 形态特征

海马体侧扁，较高。腹部凸出。躯干部横断面七棱形，由 10 ～ 12 节体环组成，各体环愈来愈连在一起，以致不能弯曲；有些种类的各环节上尚有特别突出的棘状突起；也有些种类的体环上还生有枝状的皮质突起。尾部四棱形，尾端渐细，常卷曲，尾环 32 ～ 42 个。海马头部的位置在鱼类中，甚至在海龙科中也是最特殊的，不是和身体的纵轴在同一水平线上，而是与躯干部呈直角，顶部具突出头冠，冠顶有数个尖锐或短钝小棘。每节体环具 6 个突起或小棘。眼眶上方及颊部均有小棘。吻细长，管状。口小，前位。无牙。鳃部隆起，鳃盖上常有放射状的峭纹；鳃孔小，呈圆孔状，位于头后侧上方。海马眼中等大，圆形；眼眶突出，常有骨质棘，头顶部一般突出，形成头冠。无侧线。各鳍均无鳍棘，鳍条一般均不分枝。背鳍位于躯干及尾部之间的背方。臀鳍短小。胸鳍扇形。无腹鳍及尾鳍。雄鱼腹部具育儿囊，开口近肛门。体无鳞，由骨质体环所包。海马体呈淡黄色及至黑褐色。海马有些种类的眼上方具有放射状带纹，背鳍上或有暗色纵带。海马体环和尾环的数目、背鳍和胸鳍的鳍条数目、头冠的大小，以及吻管的长短，通常是分类学上从外部形态来鉴别海马种类的特征。

◆ **种类**

全世界海马种类约 25 种，产中国者 6 种。即：①日本海马。分布于中国渤海、黄海、东海和南海北部海域以及朝鲜和日本。②冠海马。偶见于中国黄海和渤海，在朝鲜和日本是常见种。③刺海马。偶见于广东沿海海域，但在印度洋和太平洋分布颇广，东非、红海、印度、新加坡、印度尼西亚、朝鲜和日本均有分布。④克氏海马。主要分布于印度洋和太平洋内，夏威夷群岛亦有分布。⑤库达海马。体形较大，经济价值极高，一般中药店都采用此种海马，中国台湾地区、粤东海域和海南岛

海马

均有分布，也见于朝鲜和日本海域。⑥斑海马。与库达海马相似，体形较大。其中，养殖数量最多的是斑海马、库达海马、日本海马和刺海马。

◆ **分布**

海马广泛分布于热带、亚热带及温带海域北纬 52°～南纬 45°，其中 70% 分布于印度－太平洋和西大西洋。自印度洋非洲东岸、印度、印度尼西亚、澳大利亚、中国、菲律宾、日本至太平洋中部诸岛沿海海域均有海马分布，也见于大西洋非洲沿岸和地中海、黑海等。中国沿海均产海马。

◆ **生活习性**

海马栖息于风浪平静、水质澄清、藻类繁茂的暖温性沿海内湾低潮

区。海马有时以尾部缠绕在漂浮的海藻上，随波逐流。海马主要靠胸鳍和背鳍的扇动而游泳，身体伸直，接近水面，水平游动时速度较快，有时尾部卷曲做直立游泳，速度较慢。海马依靠骨板、保护色及拟态避害和诱食饵料。在海藻中，海马体色为黄绿色和绿褐色；在黄红色沙底中，海马体呈黄棕色。海马生长适温 10 ～ 33℃，最适温度 26 ～ 28℃，40℃时死亡。长时间在 10℃条件下，海马也会死亡，但日本海马在 5℃以下和 36℃以上的水温条件下，尚能耐受相当时间。海马能在较高盐度的海水中和咸淡水中发育生长，但盐分过低时会引起死亡。

海马喜栖于含氧量较高的水中。一般要求溶解氧在 3 毫克/升以上，当水中的含氧量降至 2 ～ 2.3 毫克/升时食欲减少、浮头、呼吸加快，时间长或进一步缺氧则窒息死亡。在水质恶劣、氧气不足或受敌害侵袭时，海马会收缩咽肌，发出咯咯的声音。在傍晚至清晨间光线较弱时，海马一般不活动、不摄食，夜晚有趋光性。幼海马更喜趋光集群。白天光线过强时则隐蔽于阴处。海马在黑暗中生活数天后会失明。海马养殖场的光照度以 1000 ～ 10000 勒克斯为宜。

幼海马主要摄食桡足类的无节幼体。成体主要摄食糠虾、毛虾、磷虾、钩虾和对虾的幼体等虾类。海马喜食活饵，也食死饵。水质不良时，海马食欲减退或停食；水温降至 18℃时，摄食量也显著减少；降至 12℃时，完全停食。

◆ 繁殖

斑海马和大海马长至 120 ～ 140 毫米时性成熟，并开始繁殖。25 ～ 28℃为产卵期最适水温。雌雄个体常在凌晨发情。雄鱼追逐雌鱼达高峰时，雌、雄鱼体紧靠，腹部相对，直立游泳，雄鱼张开育儿囊，与雌鱼生殖乳突相接。此时雌鱼将卵产于雄鱼育儿囊中，并在此刻受精。受精卵在育儿囊内发育。仔鱼在 28～30℃水温时经 10～12 天孵出。海马每年能繁殖数胎至 10 余胎，每胎产仔数百尾至 1200 余尾，最多达 1900 多尾。寿命 2～5 年。

◆ **养殖概况**

斑海马和大海马因有个体大、生长快、适温范围广、寿命长、产仔多、药用价值高等优点，为养殖的好品种。1957 年，中国开始养殖海马并取得成功。后许多沿海省份开始养殖。海马养殖场一般选在有淡水流入、饵料来源丰富、糠虾大量繁殖、与海马生活环境相近的港湾，最好在风浪小、水质清、海水比重为 1.006～1.025 的低中潮浅海边。海马养殖池一般是水泥池，分为育苗池、幼鱼池和成鱼池 3 种。

海马种苗来源依靠天然捕捞和人工繁殖。亲海马经精养发育成熟后，在水温 20℃以上时，将雌、雄海马按 1∶1 混养，以便交配。雄海马经 10～20 天的孕育期即开始产仔。仔鱼移至育苗池饲养，以防亲鱼吞食。30 天后幼鱼长至体长 50～60 毫米时逐渐分养至幼鱼池。2 个多月后，体长达 100 毫米时移至成鱼池。日水温差不宜超过 2℃。夏季需每天换水。海马饵料为活虾、桡足类、端足类、幼糠虾、无节幼体等。一般在 11 月中旬开始越冬。越冬海马要选择健壮、活泼、体长在 120 毫米以上的 1～2 年生的种海马，雌、雄比例基本相等。越冬水温控制在 15～16℃。人工养殖过程中，海马常见的肠炎病可用土霉素灌注治疗；车轮虫病可用硫酸铜和高锰酸钾混合液浸泡病鱼治疗；气泡病可通过经常换水、遮阳、病鱼用针刺破气泡等方法防治。海马饲养 1 年以后，通常在越冬前或繁殖季节采收。洗净、晒干、防潮保藏。

◆ 价值

海马素有"南参"之称。海马性温，味甘无毒，用作中药时功能补肾壮阳、镇静安神、散结消肿、舒筋活络、止咳平喘、强心、催生；用于治疗阳痿、不育、虚烦不眠、哮喘、腰腿病、跌打损伤、外伤出血、腹痛、难产及神经衰弱效果显著；还可用于治疗结核性瘘管。

雀　鲷

雀鲷是动物界脊索动物门硬骨鱼纲鲈形目雀鲷科鱼类的统称。

雀鲷主要分布于大西洋和印度洋 - 太平洋热带水域。

◆ 形态特征

雀鲷体高，尾鳍叉形，类似近缘的丽鱼，且像丽鱼一样，头两侧各具一个鼻孔。许多种类色彩鲜明，色调常呈红、橙、黄或蓝色。雀鲷体长大多在 15 厘米以内。雀鲷性活泼，行动敏捷，占域行为明显，进攻性强。

◆ 种类

雀鲷约 250 种，主要观赏种类有：①小丑鱼。又称双锯鱼小丑鱼。红白相间，原生于印度洋和太平洋较温暖的水中，杂食性，低经济；水族馆常见种类。②三间雀鱼。体呈银白色，体侧有 3 条较宽的黑褐横带，腹鳍为黑色，体长 60 毫米。三间雀鱼系海洋暖水性鱼类，分布于印度西太平洋海域，活动于珊瑚礁区，聚群生存，觅食各类有机物碎屑及小型猎物。③蓝雀鲷。体色光亮娇艳，鱼体上半部分为浅蓝色，下半部分为深蓝色；腹部和尾部呈米黄色，杂食性，可喂食人工饲料或活饵，分布于印度－西太平洋区。④三斑雀鲷。体呈椭圆形而侧扁，体黑褐色，

各鳍颜色较淡但绝无黄色。分布于印度西太平洋区，幼鱼及成鱼皆喜独居且有领域性。⑤光鳃鱼。身体的上半部分为粉红色，下半部分为灰绿色，分布于印度－西太平洋区，中小型之雀鲷，可食用，一般不为渔获对象鱼。有人将其作观赏鱼之

五线雀鲷

用。⑥豆娘鱼。身上有六道深绿色的条纹，其中黄、蓝相间，暖水性鱼类。广泛分布于印度－太平洋区，中小型之雀鲷，可食用，一般不为渔获对象鱼。有人将其作观赏鱼之用。

◆ 生活习性

鲷科鱼类生活习性依不同种间差异很大，有成群小范围巡游于水层中觅食浮游动物的豆娘鱼属；有极具领域性、偏草食性的真雀鲷属；还有平常于枝状珊瑚上觅食浮游动物，遇有敌踪即躲入珊瑚丛中的圆雀鲷属；甚至有栖所专与海葵共生的海葵鱼属，演化多样性。此外，本科鱼类具有特殊的繁殖求偶行为，如护巢、护卵等。有些鱼则有性转变，如圆雀鲷属的小鱼一群聚中只有一尾雄鱼，其余均为雌性，但当此雄鱼死亡或离开后，其中一尾雌鱼很快转变成雄鱼来替代之。海葵鱼属的性别转变则反之。

◆ **经济价值**

本科鱼种除少数温带鱼属可长至 30 厘米而具有经济价值外，其余各种最大体长均在 10～15 厘米，故少有食用价值。但少数色彩鲜艳的鱼种为热带水族养殖宠物，其中以海葵鱼最受欢迎。有些种类已可在水族缸中繁殖。

关刀鱼

关刀鱼是动物界脊索动物门硬骨鱼纲辐鳍鱼亚纲鲈形目蝴蝶鱼科中一类形似关刀的海水观赏鱼的统称，是蝴蝶鱼科中较易饲养的一类观赏鱼。

关刀鱼分布于大西洋（热带至温带）、印度洋和太平洋，主要分布于印度洋与西太平洋的热带珊瑚礁海域。

◆ **形态和种类**

关刀鱼种类众多，颜色艳丽，花纹独特，体形如中国传统的关公大刀，故名。不同品种的关刀鱼形态存在较大差异，主要按照体形、花纹、鱼鳍进行分类。关刀鱼身体极侧扁，头部短小，吻小而尖，背部高而隆起，整个身体侧面成近似三角形的碟状，扁平的躯体利于其在珊瑚礁岩缝中穿梭。多数品种背鳍细长而高耸。体色和花纹往往与所在区域的珊瑚颜色相似，形成环境色，便于隐匿。成鱼体长通常在 15～25 厘米，有些品种如花关刀体长可达 30 厘米。观赏鱼市场常见的品种有黑白关刀、印度关刀、魔鬼关刀等。

◆ **生活习性**

关刀鱼为暖水性小型珊瑚礁鱼，多栖息于珊瑚礁、潟湖、近海沿岸及外礁斜坡的深水地带，肉食性，以动物性浮游生物、珊瑚虫、小型甲壳类为食，也会捕食小型无脊椎动物。在饲养条件下，可投喂鲜碎肉、冰鲜动物性饵料和人工配合饲料等。关刀鱼性情温驯、胆怯，动作敏捷，常隐身于珊瑚礁石之间。幼鱼偶尔会摄食其他鱼类表皮上的寄生虫。

倒 吊

倒吊是动物界脊索动物门硬骨鱼纲鲈形目粗皮鲷科鱼类的统称。又称刺尾鱼。

倒吊广泛分布于太平洋和印度洋的热带珊瑚礁海域。倒吊侧面轮廓高而扁平，呈椭圆形体形，尾部尾柄两侧长有尖锐的倒刺，用来争夺领地和防身。倒吊鳞片末端有小突起，给人皮肤粗糙的感觉。

倒吊主要观赏种类有：①黄倒吊。刺尾鱼属1种。分布于印度洋及太平洋之间海域。黄色卵圆形的身体，眼睛及鳃盖周围带有蓝圈，成鱼后会变成黄褐色。黄倒吊草食性。水族箱饲养条件下，黄倒吊最大体长可达19厘米。黄倒吊宜饲养在体积在200升以上的无脊椎动物造景水族箱中。②七彩吊。俗名花倒吊。分布于太平洋岩礁海域。七彩吊身体大部呈巧克力色，面部白色，背鳍及臀鳍底部亮黄色，各鳍带白边。水族箱饲养条件下，七彩吊最大体长可达20厘米。七彩吊宜饲养在体积在200升以上的无脊椎动物造景水族箱中。③天狗倒吊。又称日本吊。分布于印度洋及太平洋之间海域。夏威夷地区的天狗倒吊往往比其他地区的颜色更艳丽。发育期，夏威夷天狗倒吊呈暗灰色，背鳍带蓝条纹，尾鳍带橘色条纹。水族箱饲养条件下，天狗倒吊最大体长可达45厘米。

天狗倒吊宜饲养在体积在 500 升以上的无脊椎动物造景水族箱中。④蓝倒吊。又称太平洋蓝吊。蓝倒吊分布于印度洋及太平洋之间海域，成群栖息于离海底 1～2 米的礁石区。因其卵圆形身体及黑色粗条纹而易区别于其他倒吊种类。蓝倒吊体深蓝色，眼后及体侧上半部黑色，尾柄及尾鳍上下边黑色。水族箱饲养条件下，蓝倒吊最大体长可达 26 厘米。蓝倒吊宜饲养在体积在 300 升以上的无脊椎动物造景水族箱中。杂食性。⑤黄三角倒吊。刺尾鱼科高鳍刺尾鱼属 1 种。分布于印度洋及太平洋之间礁岩海域。头三角形，嘴尖前突，眼睛位于头顶，身体前端高。黄三角倒吊体色金黄。水族箱饲养条件下，黄三角倒吊最大体长可达 15 厘米。

黄三角倒吊宜饲养在体积在 200 升以上的无脊椎动物水族箱中。黄三角倒吊杂食性，可喂以藻类、动物性饵料及人工饲料。⑥珍珠大帆倒吊。刺尾鱼科高鳍刺尾鱼属 1 种，又称印度大帆吊、红海大帆吊。珍珠大帆倒吊分布于印度洋及太平洋之间礁岩海域。珍珠大帆倒吊身体呈暗色底色带明亮条纹及斑点，尾鳍蓝色带白斑点。亚成鱼比成鱼颜色鲜艳。水族箱饲养条件下，珍珠大帆倒吊最大体长可达 40 厘米。珍珠大帆倒吊宜饲养在体积在 400 升以上的无脊椎动物造景水族箱中。

倒吊

　　倒吊宜饲养在相对密度为 1.022 的海水中，水温要求为 26～28℃。此科鱼食欲旺盛，喜食藻类，一天须多次投喂，能够接受冰鲜饵料和人工配合饵料。

海水神仙鱼

海水神仙鱼属动物界脊索动物门硬骨鱼纲鲈形目盖刺鱼科鱼类。可供观赏。

海水神仙鱼广泛分布于世界各热带的海域，但绝大多数生活于西太平洋，尤其是珊瑚礁海域。海水神仙鱼鳃盖上长有棘刺。海水神仙鱼幼鱼身上的花纹和成鱼不同，因而很难辨别不同品种的神仙鱼幼鱼。

海水神仙鱼主要观赏种类有：①女王神仙鱼。分布于西太平洋珊瑚礁水域，水族箱饲养条件下最大体长可达 25 厘米。女王神仙鱼宜饲养在体积在 300 升以上的水族箱中。②国王神仙鱼。分布于东部太平洋岩礁水域，水族箱饲养条件下最大体长可达 23 厘米。国王神仙鱼宜饲养在体积在 250 升以上的水族箱中。③蒙面神仙鱼。分布于太平洋珊瑚礁水域，水族箱饲养条件下最大体长可达 18 厘米。蒙面神仙鱼宜饲养在体积在 200 升以上的水族箱中。④皇帝神仙鱼。分布于印度洋、太平洋及红海水域，水族箱饲养条件下最大体长可达 30 厘米。皇帝神

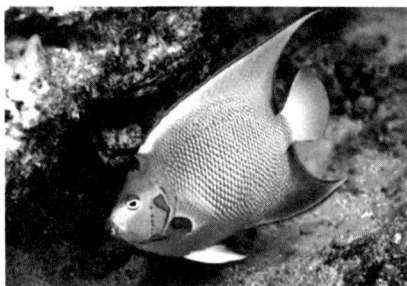

神仙鱼

仙鱼宜饲养在体积在 300 升以上的水族箱中。⑤极品神仙鱼。分布于西太平洋珊瑚礁水域，水族箱饲养条件下最大体长可达 25 厘米。极品神仙鱼宜饲养在体积在 300 升以上的水族箱中。⑥蓝面神仙鱼。分布于印度洋和太平洋水域，水族箱饲养条件下最大体长可达 45 厘米。蓝面神仙鱼宜饲养在体积在 500 升以上的水族箱中。⑦皇后神仙鱼。分布于印

度洋及太平洋水域，水族箱饲养条件下最大体长可达 38 厘米。皇后神仙鱼宜饲养在体积在 400 升以上的水族箱中。⑧耳斑神仙鱼。分布于印度洋及红海珊瑚礁水域，水族箱饲养条件下最大体长可达 45 厘米。耳斑神仙鱼宜饲养在体积在 500 升以上的水族箱中。⑨法国神仙鱼。分布于大西洋西部，水族箱饲养条件下最大体长可达 40 厘米。法国神仙鱼宜饲养在体积在 400 升以上的水族箱中。

饲养神仙鱼的水质要求为：海水相对密度 1.020 ～ 1.025，水温 25 ～ 28℃，pH 为 8.2 ～ 8.4。海水神仙鱼属杂食性鱼类，对饵料要求不高，喜食活饵，如小虾或贝肉，饲养时可投喂植物性饵料、动物性饵料和人工专用配合饵料。海水神仙鱼性好斗，争斗往往发生于相同大小的同种神仙鱼之间，不同品种和不同大小的神仙鱼间一般不会发生。因此，在饲养神仙鱼时，最好选择不同品种和不同大小的神仙鱼，且水族箱越大越好。

半滑舌鳎

半滑舌鳎属动物界脊索动物门硬骨鱼纲鲽形目舌鳎科舌鳎属一种。俗称龙利鱼、鳎目、鳎米、鳎板等。半滑舌鳎为温水性、近海、大型底栖鱼类。

◆ 分布

半滑舌鳎在中国沿海均有分布，以渤海、黄海中的数量为多，黄海、渤海群体存在分化，但未见明显的地理种群分化。渤海群体中，以渤海湾的南部和莱州湾的中、西部的数量为多，辽东湾的数量较少，且多数分布在湾的中南部，资源分布的季节变化不明显。

◆ **形态特征**

半滑舌鳎体延长、侧扁，呈舌形。头部短。吻延长呈钩状突。口小，右下位。眼小，均在左侧。有眼侧具 3 条侧线，被栉鳞；无眼侧被圆鳞或夹杂弱栉鳞。背鳍基底至上侧线间，鳞 9 ～ 10 行；上中侧线间，横列鳞 21 ～ 25 行；中下侧线间，横列鳞 24 ～ 33 行，下侧线至臀鳍基底间，横列鳞 10 ～ 12 行。背鳍及臀鳍与尾鳍相连，鳍条均不分支，无胸鳍。有眼侧多为棕黄色，无眼侧光滑呈乳白色。脊椎骨 56 ～ 58 枚。

◆ **生活习性**

半滑舌鳎属于广温、广盐性种类。半滑舌鳎生存温度为 3 ～ 30℃，适宜生长温度 15 ～ 25℃，适宜生长盐度 2 ～ 33。在渤海，半滑舌鳎于每年 12 月上旬，由浅水向深水区移动、越冬；6 月，游至近海 8 ～ 15 米水深；8 月，进行索饵肥育；9 月，进入产卵期。半滑舌鳎肉食性，以底栖生物为食，主要捕食虾蟹类、口足类、双壳类、鱼类、多毛类、棘皮动物、腹足类、头足类及海葵等。

◆ **生长与繁殖**

半滑舌鳎雌、雄个体差异大。渤海群体的雌鱼个体数量多于雄鱼。雌鱼的最高年龄为 14 龄，雄鱼的最高年龄为 8 龄。初次性成熟年龄，一般为 3 龄，雄鱼 2 龄即可成熟。性成熟个体的卵巢极为发达，体长 560 ～ 700 毫米个体的卵巢重量一般为 110 ～ 370 克，怀卵量为 9.22 万～ 25.94 万粒。雄鱼精巢极不发达，成熟精巢的体积、重量只有成熟卵巢的 1/200 ～ 1/900。在渤海，半滑舌鳎产卵期为 9 ～ 10 月，产卵场位于渤海湾、莱州湾及辽东湾中部，中心产卵场在河口附近水深为 10 ～ 15 米的海区。

◆ **资源利用**

半滑舌鳎是黄海、渤海重要经济鱼类之一，但已处于过度利用状态。调查表明，1998 年，渤海半滑舌鳎资源量不足 1959 年的 7.61%、1982 年的 4.40%；1998 年以后的调查未捕获半滑舌鳎。2003 年以来，半滑舌鳎养殖业发展迅速，年养殖产量可达 8000 吨左右。

◆ **养护及管理**

对于半滑舌鳎的群体恢复，其资源管理和保护主要有 3 种方式：①加强增殖放流。2006 年以来，中国沿海开展了半滑舌鳎增殖放流活动，年放流苗种数百万尾，对其自然资源的修复起到了促进作用。②中国伏季休渔制度的实施，对半滑舌鳎资源的保护也起到了一定的作用。休渔期可有利于半滑舌鳎的繁殖及幼鱼的生长。③在其栖息地应建立半滑舌鳎种质资源保护区，以保护其种质资源。

北方蓝鳍金枪鱼

北方蓝鳍金枪鱼属动物界硬骨鱼纲辐鳍亚纲鲈形目鲭科金枪鱼属一种。又称北方黑鲔、金枪鱼。

◆ **分布**

北方蓝鳍金枪鱼主要分布在北太平洋和北大西洋的亚热带和温带海域。西大西洋北方蓝鳍金枪鱼分布在墨西哥湾与纽芬兰海域之间；东大西洋北方蓝鳍金枪鱼分布在加那利群岛与冰岛南部海域以及地中海地区。北方蓝鳍金枪鱼分为北太平洋和北大西洋两个群体。也有研究认为，北太平洋和北大西洋蓝鳍金枪鱼为不同的鱼种。南非附近有一个亚群。

◆ **形态特征**

北方蓝鳍金枪鱼体纺锤形，强大，粗壮。体最高处于第一背鳍基中部。背部深蓝色，腹部银白色。第一背鳍黄色或蓝色，由 12 ～ 14 硬棘组成；第二背鳍褐色，并略带红色，由 13 ～ 15 软棘组成；臀鳍和小鳍暗黄色，边缘褐色，臀鳍由 13 ～ 16 软鳍条组成。成体尾柄中央隆起，脊黑色。第一鳃弓鳃耙 34 ～ 43。第二背鳍高于第一背鳍。胸鳍甚短，仅伸达第一背鳍的 2/3 处下方，不伸达两背鳍之间。肝的腹部表面有辐射纹，肝中叶等于或长于肝左叶或右叶。有鳔。脊椎骨 18+21。

◆ **生活习性**

北方蓝鳍金枪鱼属快速游泳的温带大洋性中上层鱼类。北方蓝鳍金枪鱼具有高度洄游特性，喜集群。北方蓝鳍金枪鱼捕食鱼类、头足类和甲壳类等。

◆ **生长与繁殖**

北方蓝鳍金枪鱼幼鱼生长速度快，约 30 厘米 / 年，但比其他金枪鱼和旗鱼种类要慢。北方蓝鳍金枪鱼成体增长速度相当慢，需要 10 年时间才能达到最大长度的 2/3。北太平洋群体产卵场是日本南部至菲律宾外海（产卵期 4 ～ 7 月）和日本海（产卵期 7 ～ 8 月）。北大西洋产卵场是在地中海（产卵期 6 ～ 8 月）和墨西哥湾（产卵期 5 ～ 6 月）。北太平洋群体最高年龄 10 龄以上，性成熟年龄 4 ～ 5 龄。北大西洋最高年龄 25 ～ 30 龄，北大西洋东部群体成熟年龄 4 ～ 5 龄；北大西洋西部群体性成熟年龄 8 龄。成体最大全长 458 厘米，重 684 千克，渔获物通常叉长 200 厘米。

◆ **资源利用状况**

北太平洋蓝鳍金枪鱼年渔获量在 0.85 万～ 4.0 万吨，1956 年为 4 万吨，1990 年为 0.85 万吨，2020 年为 1.4 万吨，主要捕捞国家或地区有日本、韩国、美国等国家和中国台湾等地区。北大西洋蓝鳍金枪鱼渔获量在 2007 年达 6.2 万吨，2011 年为 1.2 万吨，2020 年为 3.7 万吨。从捕捞产量分布来看，北方蓝鳍金枪鱼主要分布在东大西洋和地中海海域，西大西洋海域渔获相对较少。北方蓝鳍金枪鱼捕捞作业方式有围网捕捞、延绳钓捕捞、定置网捕捞和其他表层渔具捕捞，其中主要是围网捕捞和延绳钓捕捞。

◆ **资源养护及管理**

太平洋、大西洋的 3 个金枪鱼区域渔业管理组织对北方蓝鳍金枪鱼资源进行养护和管理，分别是中西太平洋渔业委员会（WCPFC）、美洲间热带金枪鱼委员会（IATTC）及大西洋金枪鱼养护国际委员会（ICCAT）。这些组织通过了一系列的养护管理措施，主要包括捕捞配额制度、捕捞时间限制、个体大小规格限制及捕捞努力量控制等。

◆ **价值**

北方蓝鳍金枪鱼是最大的金枪鱼种类，其价格也是金枪鱼中最高的，是制作生鱼片和寿司的良好食材。

大眼金枪鱼

大眼金枪鱼属动物界脊索动物门脊椎动物亚门硬骨鱼纲辐鳍亚纲鲈形目鲭科金枪鱼属一种。又称肥壮金枪鱼。

大眼金枪鱼分布于大西洋、印度洋和太平洋的热带及亚热带水域，属于高度洄游种群，地中海没有分布。中国南海和台湾沿海均有大眼金枪鱼分布。

◆ 形态特征

大眼金枪鱼体纺锤形，强大。体最高处位于第一背鳍基中部。第一鳃弓鳃耙 23 ～ 31。叉长超过 110 厘米的大个体的胸鳍稍长，达叉长的 22% ～ 31%；但小个体的胸鳍很长，似长鳍金枪鱼。最大叉长超过 200 厘米。体背部深蓝色，腹部白色；第一背鳍深黄色，第二背鳍和臀鳍淡黄色，小鳍鲜黄色，边缘黑色。叉长超过 30 厘米的个体，肝脏腹部表面有辐射纹，肝中叶等于或长于肝左叶或右叶。有鳔。椎骨 18+21。

◆ 生活习性

大眼金枪鱼属热带大洋性中上层鱼类，游泳速度快，具有高度洄游特性，喜集群。大眼金枪鱼会自由集群或随流木集群，其幼鱼常与黄鳍金枪鱼幼鱼和鲣鱼一起集群，幼鱼和产卵成鱼出现在赤道海域及高纬度海域。大眼金枪鱼捕食鱼类、头足类和甲壳类。大眼金枪鱼最高年龄 10 ～ 15 龄。

◆ 生长与繁殖

大眼金枪鱼于 3 ～ 4 龄、体长 90 ～ 100 厘米时性成熟。大眼金枪鱼繁殖力强，热带及夏季亚热带和温带水域孵出的鱼卵大部分随海流被携带到热带和亚热带水域，还有部分则洄游到温带水域索饵，当水温合适时便产卵。在印度洋，大眼金枪鱼鱼群沿赤道在东西方向上成密集的带状分布，几乎都是产卵群体。

◆ **资源利用**

1950 年开始，全球大眼金枪鱼渔获量一直增加；1997 年，其年渔获量接近 60 万吨左右，创历史纪录；2020 年，大眼金枪鱼渔获量为 38 万吨。大眼金枪鱼主要由美国、日本、中国台湾、韩国、菲律宾等国家和地区所捕捞，渔获方式包括延绳钓、围网、竿钓等捕捞。2020 年，大西洋大眼金枪鱼渔获量为 5.79 万吨，印度洋大眼金枪鱼渔获量为 8.34 万吨，东太平洋大眼金枪鱼渔获量为 9.55 万吨，中西太平洋大眼金枪鱼渔获量为 15.28 万吨。太平洋、印度洋和大西洋的大眼金枪鱼资源已处于充分开发状态。

◆ **资源养护及管理**

中西太平洋渔业委员会（WCPFC）、美洲间热带金枪鱼委员会（IATTC）、印度洋金枪鱼委员会（IOTC）及大西洋金枪鱼养护国际委员会（ICCAT）4 个金枪鱼区域渔业组织对三大洋大眼金枪鱼资源进行养护和管理，并通过了一系列的养护管理措施，主要包括：①捕捞实施配额制度。②数据统计制度。③建立非法、不报告、不受管制捕捞（IUU）活动渔船黑名单。④区域观察员计划。⑤渔船登记。⑥渔船船位报告和监控制度等。

◆ **价值**

大眼金枪鱼个体较大，价值也较其他金枪鱼种类高，主要用于加工制作金枪鱼生鱼片，价格仅次于蓝鳍金枪鱼。

长鳍金枪鱼

长鳍金枪鱼属动物界脊索动物门硬骨鱼纲辐鳍亚纲鲈形目鲭科金枪鱼属的一种。

◆ **分布**

长鳍金枪鱼在世界热带和温带大洋（包括地中海）北纬 50°～南纬 30° 海域除北纬 10°～南纬 10° 表层海域外，均有分布。

◆ **形态特征**

长鳍金枪鱼体纺锤形，强大，粗壮。体最高点位于第二背鳍稍前部，比其他种类金枪鱼更靠后。第一鳃弓鳃耙 25～31。第二背鳍明显低于第一背鳍。胸鳍很长，几达第二背小鳍下方，胸鳍长约占叉长的 30%。幼鱼胸鳍短，不达第二背鳍起点。第一背鳍深黄色，第二背鳍和臀鳍淡黄色，臀小鳍黑色，尾鳍后缘白色。肝脏中叶等于或长于肝左叶或右叶，肝脏腹部表面有辐射纹。有鳔（小于 50 厘米的个体不明显）。椎骨 18+21。

◆ **生活习性**

长鳍金枪鱼为快速游泳的温带大洋性中上层鱼类。长鳍金枪鱼主要活跃于温层下方水域，栖息深度可达 600 米。长鳍金枪鱼常出现在温度在 17～21℃（最低 9.5℃）的水域，常因水体温度改变而有垂直分布现象。

长鳍金枪鱼具高度洄游性，喜集群。长鳍金枪鱼捕食鱼类、头足类和甲壳类，其中鱼类以洄游性小型鱼类，如鲭等为主。长鳍金枪鱼有 6 个种群，即北太平洋、南太平洋、北大西洋、南大西洋、地中海和印度洋长鳍金枪鱼群体。

◆ 生长与繁殖

长鳍金枪鱼体形较小，个体大小在鲣和黄鳍金枪鱼之间。最高年龄可达 15 年。2～5 龄性成熟，相应体长为 75～90 厘米，体重 8～15 千克。性成熟的长鳍金枪鱼春夏季在热带和亚热带（赤道南北 $10°\sim25°10'$）水域产卵。未成熟的长鳍金枪鱼（2～5 龄以下）比一般的成年长鳍金枪鱼更具洄游性。太平洋海域长鳍金枪鱼的洄游、分布受海况影响较大，尤其是受海洋锋面的影响较大。长鳍金枪鱼幼鱼常在温带水域（表温 15～18℃）集群，在大西洋和印度洋水域亚热带辐合区北部边缘呈连续分布，洄游可跨越养护大西洋金枪鱼国际委员会（ICCAT）和印度洋金枪鱼委员会（IOTC）管辖区的边界。

◆ 资源利用状况

长鳍金枪鱼的渔获方式包括延绳钓和曳绳钓两种，其渔获主要来自延绳钓，约占总渔获的 95%。北大西洋和南大西洋长鳍金枪鱼渔获量分别在 2.5 万吨和 1.5 万吨左右；北太平洋和南太平洋长鳍金枪鱼渔获量分别在 6.5 万吨和 7 万吨左右；印度洋长鳍金枪鱼渔获量 3.5 万吨左右。长鳍金枪鱼资源基本处于充分开发状态。

◆ 资源养护及管理

太平洋、印度洋、大西洋的 4 个金枪鱼区域渔业组织对三大洋长鳍金枪鱼资源进行养护和管理，分别是中西太平洋渔业委员会（WCPFC）、美洲间热带金枪鱼委员会（IATTC）、印度洋金枪鱼委员会（IOTC）及养护大西洋金枪鱼国际委员会（ICCAT）。以上组织通过的养护管理措施主要包括：①控制捕捞努力量。②实施数据统计制度。③建立非法、不报告和不受管制渔业捕捞（IUU）渔业活动的渔船黑名单。④实施区域观察员计划。⑤渔船登记。⑥渔船船位报告和监控制度等。

◆ **价值**

长鳍金枪鱼主要用于制作金枪鱼罐头，其市场主要在欧美等地。

刺 鲳

刺鲳属动物界脊索动物门辐鳍鱼纲鲈形目鲳亚目长鲳科刺鲳属一种。又称肉鱼、南鲳、瓜核、海仓、肉鲫仔。

◆ **分布**

刺鲳分布于中国江苏外海、东海、台湾海域及南海，朝鲜半岛、日本也有分布。密集分布区为北纬30°以南的东海西南水域。越接近中国台湾，刺鲳鱼群越密。刺鲳在地区上很少有水平移动，随季节有显著的、特殊的密度增减变化。

◆ **形态特征**

刺鲳体短而高，极侧扁，呈椭圆形。头稍呈圆形。吻钝。眼中大。口裂中大；上颌末端延伸至眼前缘下方；下颌略短于上颌；齿细小，单列；无锄骨齿及腭骨齿。背鳍基底长，具分离之硬棘Ⅵ～Ⅶ，皆极为短小，前方软条最长，向后而渐短；胸鳍略呈镰刀状；具腹鳍，起点在胸鳍基底下方；臀鳍基底较短，硬棘III尾鳍叉形。鳞被圆鳞，极易脱落，体表面分泌有黏液；侧线完全，略呈弧形。体浅灰蓝色，外罩以银白色光泽，幼鱼则呈淡褐或黑褐色；鳃盖上方有一模糊黑斑；各鳍浅灰色。

◆ **生活习性**

刺鲳属近海暖温性中下层鱼类，通常栖息于水深45～120米泥沙底质的海区，常在水母触角下游泳。刺鲳分布海域盐度33～34。刺鲳摄食水母、拟磷虾、幼鱼和少量底栖硅藻。生殖季节，刺鲳自深海向前海作生殖洄游，在40米以浅海域产卵，产卵后游向深水区，一般体长90～160毫米，盛期在6～7月。刺鲳卵呈圆形；彼此分离，浮性；卵膜较薄，无色透明；卵径为0.92～1.05毫米；油球1个，球径0.22～0.25毫米。

◆ **资源利用**

刺鲳渔期集中在每年的8～12月。在东海，没有形成对刺鲳进行专业捕捞的渔业，只在拖网及流刺网和底层流刺网中有所兼捕。由于海洋捕捞力量快速增长，中国的东、黄海近海传统经济鱼类资源曾呈现出严重衰退局面，但资源监测和捕捞资料显示，刺鲳的渔获数量呈上升趋

刺鲳

势。在底拖网作业中 2001 ～ 2004 年单位捕捞努力量渔获量（CPUE）连续增长，2004 年渔获量达 141.29 吨，占总渔获量的 6.83%，在所有渔获种类中列位上升到第 3，仅次于带鱼和小黄鱼，成为东海区主要的渔获种类之一。在东海北部、黄海南部的深水流网作业中，刺鲳和方头鱼、白姑鱼并称为三大优势渔获种类。

◆ 资源管理

规定禁渔期是世界各国普遍实行的包括刺鲳在内的鱼类资源保护制度。中国的渔业法规也明确规定了这项制度。另外，限定最小网目尺寸，可减少对刺鲳幼体的杀伤力。

◆ 价值

刺鲳为常见食用鱼，几乎全年都可以吃到。一般清蒸或油煎食用。

银　鲳

银鲳属动物界脊索动物门脊椎动物亚门硬骨鱼纲辐鳍亚纲鲈形目鲳科鲳属一种。俗称平鱼、白鲳、车片鱼、鲳鱼。因体表呈银白色，故名。银鲳是中国沿海主要经济鱼类之一。

从朝鲜－日本的西部海域、中国诸海、太平洋－印度洋区及印度的孟加拉湾、阿拉伯湾等海域都有银鲳分布。在中国，银鲳在黄海南部和东海北部分布较为集中。

◆ 形态特征

银鲳体卵圆形侧扁，背、腹面狭窄，背、腹缘弧形隆起，以背鳍起点处最高，向吻端倾斜；尾柄短而侧扁，其长约等于体高。口小，下颌骨不能伸缩。背鳍与臀鳍同形，无腹鳍，尾鳍叉形，臀鳍和尾鳍下叶有时会增生延长达1倍以上。体被除吻及两颌外大部被细小圆鳞，易脱落。侧线完全，上侧位，与背缘平行。体背侧青灰色，腹部银白色，各鳍浅灰色。

◆ **生活习性**

银鲳为近海暖温性中上层集群性鱼类，应激反应强烈。银鲳栖息水深可达100米，早晨和黄昏在水的中上层。银鲳营浮游动物食性。自然海区中银鲳饵料包括鱼卵、稚幼鱼、水母、糠虾、桡足类等。通常认为银鲳在产卵期内不摄食，空胃率达95%以上。银鲳经人工驯化可以摄食人工配合饲料。银鲳生活的最适水温20～28℃，低于8℃或高于36℃超过3天都会致其死亡；最适盐度15～32，盐度低于12致死。银鲳有趋弱光避强光的习性。养殖条件下，银鲳对亚硝酸盐反应敏感。不论工人养殖还是自然海域环境中，1周年50%的银鲳个体能达性成熟，性成熟的个体中雌雄个体差异不大，但雌鱼总体大于雄鱼。

银鲳可划分为两个群系，有明显的独立性：①黄、渤海群系。②东海群系。产卵期随纬度的增高而推迟。分布于黄海和东海的银鲳春夏季为主产卵期，4～6月，少数在秋季产卵，产卵期在9～10月。银鲳属分批排卵类型，卵浮性。江苏近海个体绝对繁殖力为3.9万～24万粒，东海近海个体绝对繁殖力1.8万～23.7万粒。体长相对生殖力（r/L）和体重相对生殖力（r/W）分别为134.2～687.9粒/毫米，88.3～324.9粒/克纯重。

◆ **资源利用**

银鲳在中国尤其是东海区有着重要的渔业地位，主要被流刺网、沿岸张网和帆张网作业所渔获。20世纪60年代以前，尚未很好地开发利用，产量低。1979年，东海区鲳鱼产量（主要是银鲳，占85%）占全国总产量43192吨的90%，1980～1989年、1990～1999年、2000～2009年、2010～2014年全国年平均产量分别为6万吨、18万吨、37万吨、34万吨。全国和东海区最高年产量出现在2005年，分别为41万吨和24万吨。东海区鲳鱼产量占全国的比例总体趋于下降，由1980年的85%下降至2014年的53%。1995年开始实施新的伏季休渔政策，全国和东海区鲳鱼产量较1994年分别增加51%和80%。根据吕泗渔场长期资源监测结果，银鲳产卵群体趋于小型化。

◆ **资源养护**

吕泗渔场小黄鱼银鲳国家级水产种质资源保护区总面积为166.08万公顷，其中核心区面积为87.34万公顷，实验区面积为78.74万公顷；特别保护期为每年的5月1日～7月1日；主要保护小黄鱼、银鲳产卵亲体及其幼体，兼保护对象有大黄鱼、带鱼、灰鲳、蓝点马鲛等重要经济种类。伏季休渔制度对银鲳幼鱼的保护起到关键作用，同时应采取刺网类作业船只削减网具携带数量，执行银鲳最低可捕标准，并实行幼鱼比例检查制度。

◆ **养殖概况**

银鲳养殖仅在中国和科威特开展。因银鲳应激反应强烈，且始终保持集群性游动，必须保证足够的养殖空间。银鲳养殖模式主要包括室内水泥池养殖、网箱养殖、池塘养殖。

斑石鲷

斑石鲷属动物界脊索动物门硬骨鱼纲鲈形目鲈亚目鲈总科石鲷科石鲷属一种。俗称斑鲷、黑嘴、硬壳仔、黑金鼓。

斑石鲷主要分布在太平洋区域，其中包括中国沿海、日本西南部近海、韩国南部的沿海海域及夏威夷群岛沿岸。

◆ 形态特征

斑石鲷体高，侧扁。体长约为体高 1.7 倍、头长 3 倍。头小，头长约为吻长 2.6 倍、眼径 4.9 倍。鼻孔 2 个，前鼻孔椭圆形，后缘有高的鼻瓣；后鼻孔裂缝状，前上缘有一低鼻瓣。口小，不能伸缩。上下颌约等长，牙与颌愈合，牙间隙充满石灰质，形成坚固的骨缘。腭骨无牙。前鳃盖骨边缘有细锯齿，鳃盖骨后缘有一扁平棘。假鳃发达。鳃耙较短，7+13。体被栉鳞，甚细小。头部除吻部、眼间隔及颊部无鳞外，其余均被鳞。各鳍基均被小鳞。侧线位高，与背缘平行，侧线鳞约 110 个。背鳍鳍棘部与鳍条部相连；前部鳍条显著隆起，后部较短，在鳍条部的后缘呈截形。臀鳍具鳍棘 3，以第二棘为最长，鳍条部与背鳍鳍条部同形，稍小。胸鳍圆形，位低。腹鳍较胸鳍为长，位于胸鳍基后方。尾鳍后缘微凹。背鳍XII -16；臀鳍III -13；腹鳍 I -5；尾鳍 17。体灰白色，密布杂乱的黑斑块。仅腹鳍黑色。

◆ 生活习性

斑石鲷系温热带近海沿岸中下层鱼类，喜欢栖息近海珊瑚或岩礁中，肉食性，牙齿尖利，可以咬碎贝类、龙虾、海胆等的坚硬外壳。斑石鲷繁殖季节为春季，性成熟亲鱼一般是 4 龄，属于分批成熟多次产卵类型。斑石鲷成熟卵为无色透明，属端黄卵，油球一个，卵黄靠近动物极有龟裂结构。斑石鲷受精卵 0.90～1.10 毫米，在水温 23℃条件下，1.5 天左右孵化，初孵仔鱼全长 2.87～3.02 毫米，孵化 4 日左右，卵黄及油球吸收殆尽。在夏季，斑石鲷体长 10 毫米以上幼鱼随海藻漂移觅食生长。

◆ 养殖概况

自 2014 年首次突破斑石鲷规模化苗种繁育以来，斑石鲷人工养殖在中国迅速兴起和发展。斑石鲷集"梦幻之鱼""矶钓之王""刺身绝品"三大美誉于一身，适于网箱养殖、工厂化养殖等模式。斑石鲷具有治疗脾肾虚寒、产后腰痛、阴虚消渴等药效，该鱼的鱼胆可用于清热解毒、清肝明目。在海水温度 28℃以下时，日投饵量为鱼体重的 1%～3%；水温高于 28℃时，日投饵量为鱼体重的 0.5%。中国河北、山东、浙江、福建、广东及海南均有斑石鲷养殖，其中陆海接力养殖模式主要在山东。

短尾大眼鲷

短尾大眼鲷属动物界脊索动物门脊椎动物亚门硬骨鱼纲辐鳍鱼亚纲鲈形目大眼鲷科大眼鲷属一种。又称大眼鸡、大目连、红目连。短尾大眼鲷是中国南海重要经济种类，为底拖网和流刺网渔业的重要捕捞对象之一。

◆ 分布

短尾大眼鲷广泛分布于印度洋和太平洋的热带至温带海域，在中国主要分布于南海、东海和黄海南部；朝鲜、日本、印度尼西亚、菲律宾、澳大利亚等附近海域也有分布。东海区短尾大眼鲷南自闽南渔场，北至海州湾，东至东经 128° 都有分布，相对集中在浙江南部的温台渔场外海、福建的闽东渔场和闽中渔场。东海的短尾大眼鲷垂直分布范围较广，在水深 80 米以内海区分布较少，主要栖息于水深 80 ～ 120 米海区，尤以 100 米左右水深区较为集中。

◆ **形态特征**

短尾大眼鲷体呈长椭圆形，侧扁。吻短，眼甚大，约占头长的一半，故得名大眼鲷。口大而倾斜上翘。前腮盖骨边缘有细锯齿。前腮盖隅角处有一强棘。两颌、犁骨、腭骨有牙皆细小，多行。体被细小而粗糙的栉鳞，鳞片坚固不易脱落。侧线位高与背线平行，背鳍与臀鳍均长而大，胸鳍较短；尾鳍浅叉形。背鳍10 ～ 13；臀鳍3 ～ 14；

短尾大眼鲷

胸鳍18。全身浅红色，腹部色浅，尾鳍边缘深红色，背鳍、臀鳍及腹鳍鳍膜间均有黄色斑点。一般体长 20 厘米、体重 100 ～ 200 克。

◆ **生活习性**

短尾大眼鲷有白天下沉，夜晚上升到中上层的垂直移动现象。短尾大眼鲷鱼体有随分布水层愈深，体长和体重愈大的趋势。短尾大眼鲷有结群现象，常集小群与其他鱼类混栖，只作短距离移动，不作长距离洄游。摄食活动强烈，在产卵盛期亦摄食。短尾大眼鲷主要摄食底栖动物和浮游生物，如长尾类、糠虾类、端足类、介形类、头足类、腹足类、多毛类等，还摄食一些游泳动物，如日本鳀和双喙耳乌贼。东海短尾大眼鲷食物组成以磷虾类为主，其次依次为鱼类、头足类和长尾类，其优势饵料种类为太平洋磷虾、细螯虾、乌贼科、短鳄齿鱼等。短尾大眼鲷终年摄食，具有较高的摄食强度。短尾大眼鲷产卵季节南海较东海为早，东海产卵期主要在 6 ～ 9 月，盛期为 7 ～ 8 月；南海产卵期为 4 ～ 7 月，盛期为 5 ～ 7 月。东海产卵场主要在水深大于 80 米的海区，集中在东海南部外海以及东海南部近海的浙江和福建近海一带。最小性成熟体长于不同海域有所变化，具有由北向南性成熟逐渐提早的现象。短尾大眼鲷怀卵量较多，分批排卵；卵呈球形，浮性。体长 120 ～ 180 毫米，怀卵量为 5 万～ 11 万粒；体长 180 毫米以上者，怀卵量达 12 万粒以上，多的可达 19 万粒。受精卵在水温 27℃，经 17 小时即孵出全长 1.38 毫米的仔鱼。

◆ **资源利用**

20 世纪 70 年代以前，东海短尾大眼鲷渔获量很低。1972 年，中国对东海外海进行底层鱼资源季节性调查发现，短尾大眼鲷渔获量居首位，此后短尾大眼鲷成为东海区重要兼捕对象。在 1975 ～ 1977 年的调查中，短尾大眼鲷的渔获量仍占第 2 或第 3，成为东海外海底层鱼类中的主要鱼种之一。1980 年开始，福建开发了闽中渔场短尾大眼鲷资源之后，产量迅速上升。中国在东海的短尾大眼鲷产量有 2000 ～ 5000 吨。但自 80 年代末以来，由于近海底层鱼类资源衰退，群落结构发生变化，短尾大眼鲷资源明显下降。1997 ～ 2000 年调查结果显示，东海区短尾大眼鲷渔获量和网次出现率均有较大幅度下降。

南海短尾大眼鲷一直是南海北部底拖网渔业的主要捕捞对象之一，是资源利用程度较高的经济鱼类。80 年代以后，随着渔业经营的私有化加快发展，捕捞能力急剧增加，资源日益衰退。自实行伏季休渔等保护资源的措施后，资源状况有所恢复，在 2000 ～ 2002 年中国专属经济区渔业资源调查中，短尾大眼鲷的平均渔获率比休渔前的 1997 ～ 1999 年提高了约 69%，但渔获率也只是 1964 ～ 1965 年的 29%。

◆ 资源管理

随着捕捞压力的不断增加，短尾大眼鲷资源呈现明显的衰退。虽然没有专门针对短尾大眼鲷渔业的保护措施政策的出台，伏季休渔制度的实施同样对资源恢复带来显著效果，但资源状况仍不能恢复到正常水平。

黑 鲷

黑鲷属动物界脊索动物门硬骨鱼纲鲈形目鲷科棘鲷属一种。俗称海鲋、青鳞加吉、青郎、乌颊、牛屎鳢、乌翅、黑加吉、黑立、海鲫和铜盆鱼等。

黑鲷分布于中国、日本和韩国等地的沿岸、港湾及河口，属内湾性鱼类。在中国，以黄海、渤海数量较多。

◆ 形态特征

黑鲷体呈长椭圆形，侧扁。头中大。吻钝尖。口小，上、下颌等长。体被中等大的弱栉鳞，体侧通常有 5 ～ 7 条黑色条纹。背鳍棘坚硬，臀鳍第二鳍棘尤甚。体背部为灰黑色，侧线起点处有黑斑点，体侧常有数条不明显的暗褐色横带。腹部银白色。除胸鳍为灰色，其余各鳍边缘均为黑色。

◆ **生活习性**

黑鲷为浅海、底层鱼类。喜栖于沙、泥底或多岩礁的清水中。黑鲷为广温、广盐性鱼类,对于环境之适应能力较强。生存盐度为 4.09 ～ 35.0,生长适应盐度 10.0 ～ 30.0。黑鲷耐低温能力较真鲷强,生存温度为 4.3 ～ 34.0℃,致死低温度为 3.5℃,摄食水温 6℃,生长适宜温度为 17.0 ～ 25.0℃。在夏、秋之间,黑鲷洄游到浅海区。幼黑鲷常乘潮水,聚集在河口附近觅食。在青岛近海,4 ～ 5 月份,黑鲷从外海游进胶州湾作生殖洄游,产卵后的亲鱼再游到深水区越冬。黑鲷幼鱼在胶州湾内索饵、肥育,直至秋末才移入深水区越冬。黑鲷为肉食性鱼类,成鱼以贝类和小鱼虾为主要食物。

◆ **生长繁殖**

在自然海区一般 1 龄黑鲷尾叉长 15 厘米,2 龄黑鲷尾叉长 21 厘米,3 龄黑鲷尾叉长 26 厘米,7 龄以上成鱼最大个体长 45 厘米,一般 4 龄之前生长速度较快。黑鲷的性成熟过程具有明显的性逆转现象,体长 10 厘米的幼鱼全部是雄性;体长 15 ～ 25 厘米的个体为典型的雌雄同体的两性阶段;体长 25 ～ 30 厘米时性分化结束,大部分个体转化为雌鱼。从年龄上看,2 龄鱼大部分是雌雄同体,3 龄鱼 50% 以上性分离为雄鱼,4 龄鱼多数为雌性。黑鲷的产卵水温为 14.5 ～ 24℃。属于多次成熟产卵类型,卵呈圆形,浮性,卵径为 0.87 ～ 1.21 毫米,油球径为 0.20 ～ 0.23 毫米。

◆ **资源利用**

春、秋两季,在中国山东沿海,黑鲷常与其他鱼类一起被混捕。

◆ **养殖概况**

黑鲷肉质鲜美、营养价值高，其人工繁殖、育苗及养成技术均已取得较大进展。黑鲷可在海水和半咸水池塘及网箱中进行养殖，池塘养殖5～7厘米鱼苗，当年可养至300克左右，75克左右大规格苗种当年可养至400克；网箱养殖30克左右苗种，当年可养至350～400克。黑鲷在东南亚各国及澳大利亚沿海均可养殖，中国黄海至南海海域均可进行黑鲷养殖，南海较深水域几乎一年四季都适宜养殖。

花尾胡椒鲷

花尾胡椒鲷属动物界脊索动物门辐鳍鱼纲鲈形目石鲈科胡椒鲷属一种。中国台湾地区称为厚唇石鲈、花软唇或加吉，俗称假包公鱼。花尾胡椒鲷为南海区底拖网捕捞的渔获物之一，是高级食用鱼，也是中国常见和主要的海水养殖鱼类。

花尾胡椒鲷主要分布于印度洋北部沿岸至太平洋的日本近海沿岸海域。

◆ **形态特征**

花尾胡椒鲷体长椭圆形、侧扁而高。从头盖骨起，背部显著隆起，背面狭窄呈锐棱状，腹面平坦。口小，端位。唇厚、下颌腹面有3对小孔。侧线完全，位高与背缘平行。背鳍连续，具12～13鳍棘。臀鳍有3鳍棘。尾鳍截形、略圆。全体被细小栉鳞。侧线鳞下方鳞较大于上侧，胸鳍基部有腋鳞。体上部灰褐色、下部较淡。体侧有黑色宽带3条，斜形。在第二条斜带上方、背鳍和臀鳍上均散布许多大小不一的黑色圆点，特别是尾鳍上圆点较密集，状似散落的黑胡椒，故得名。胸鳍、臀鳍、尾鳍边缘近黑色。一般体长 180～300 毫米，大者可达 400 毫米左右；体重 150～400 克，大的可达 3.5～4.0 千克。卵生鱼类。

◆ 生活习性

花尾胡椒鲷常栖息于多岩礁海区，属暖温性近海底层鱼类。花尾胡椒鲷肉食性，以小鱼及甲壳类为主。花尾胡椒鲷在春季产卵。

条石鲷

条石鲷属动物界脊索动物门硬骨鱼纲鲈形目鲈亚目鲈总科石鲷科石鲷属一种。俗称石加拉鱼、石鲷鱼、鹦鹉鲷。

条石鲷分布于太平洋区，包括中国沿海、韩国、日本及夏威夷群岛等沿岸。在中国，主要分布在东海、黄海，以及台湾地区的北部、东北部、东部、西部、西南部、南部和澎湖海域；日本北海道以南和日本以西海域也是主要分布区。

◆ 形态特征

条石鲷体短延长而呈长卵圆形，侧扁而高，背腹缘隆起度大。尾柄短而侧扁。背鳍单一，起点始于胸鳍基的上方稍后，背鳍的鳍棘与鳍条相连，鳍棘数为XII枚，尤以第V、VI两棘为最长。鳍条具 16～18 根，以第五根为最长。臀鳍具硬棘III枚，相对短小，鳍条 12～13 根。胸鳍发达，宽而圆、位低，鳍条数 17 根。腹鳍胸位具一硬棘 5 根鳍条。尾鳍略呈凹截形，鳍条数 17 根。有 7 条明显的黑色横带：第一条经过眼睛；第二条从第一、二背鳍棘前方，穿过胸鳍基部达腹鳍基部；第三条在背鳍棘部中央下方；第四条从背鳍棘后部下方达臀鳍棘基部；第五条从背鳍鳍条基部中央下方达臀鳍鳍条基部中央；第六条位于尾柄前部；第七条位于尾柄后部。

◆ **生活习性**

条石鲷为温热带沿近海鱼类，喜栖息于 10 ～ 100 米水深的岩礁、沙砾、贝藻丛生的海区；幼鱼在夏 - 秋季随着海藻漂移。条石鲷肉食性，齿锐利，可咬碎贝类或海胆等坚硬的外壳。条石鲷性成熟年龄为 3 龄，繁殖期多在春季水温上升时，属春夏季繁殖型，从南到北 5 月到 8 月均有繁殖个体。自然产卵水温 18 ～ 28℃，产卵盛期水温 21 ～ 24℃。条石鲷属分批成熟，多次产卵型鱼类。

◆ **养殖概况**

条石鲷养殖主要包括网箱养殖和室内工厂化养殖。网箱养殖：养殖区水域选择水质良好，水流往复流，潮流和缓，泥质底，水深 10 ～ 15 米，透明度 20 ～ 60 厘米，盐度 30；在海水温度 26℃以下时，日投饵量为鱼体重的 1% ～ 3%；水温高于 26℃时，日投饵量为鱼体重的 0.5%。室内工厂化养殖：100 克以下为 5 千克 / 米 ^{3}、100 ～ 200 克为 7.5 千克 / 米 ^{3}、200 克以上为 10 千克 / 米 ^{3}，定期分池；日投饵量按鱼体中的 2% ～ 7%；水温保持在 18 ～ 27℃。在中国山东、浙江、福建和广东等地有网箱、池塘、工厂化，以及不同养殖模式相结合的养殖。

斜带髭鲷

斜带髭鲷属鲈形目石鲈科髭鲷属一种。又称打铁鱼、包公鱼。卵生鱼类。中国常见和主要海水养殖鱼类之一，优质食用鱼类。

◆ 分布

斜带髭鲷主要分布于中国、日本、朝鲜和韩国沿岸海域。中国福建及台湾沿海一带。

◆ 形态特征

斜带髭鲷体长椭圆形，侧扁而高，背部隆起。一般体长 $100 \sim 250$ 毫米。眼大。两颌齿小、呈绒毛状，无犬齿状齿。上颌骨具小鳞。颏部有 1 簇痕迹状的小髭；颏孔 4 对。背鳍 I ，Ⅹ -14 ～ 16；臀鳍Ⅲ -9 ～ 10；胸鳍 17 ～ 19；腹鳍 I-5；尾鳍 17。侧线鳞 57 ～ 64。背鳍前端有一向前倒

斜带髭鲷

棘，第 3 ～ 5 条鳍棘的长度基本相同。臀鳍以第 2 鳍棘最粗壮，为头长的 1/3 ～ 1/4。腹鳍末端不伸达肛门。尾鳍后缘圆形。体被细小强栉鳞。体黑褐色，有时会转变为浅灰色。体侧具 3 条黑色斜带。各鳍灰褐色，边缘不呈黑色。

◆ 生活习性

斜带髭鲷主要生活于水深 3 ～ 50 米的温带海域，为近海中下层鱼类。肉食性，以小鱼及甲壳类为主。冬季产卵。受精卵浮性，圆球形，透明，微黄色。在水温 19.8 ～ 22.0℃，盐度 28 的条件下，受精卵约经 36 小时孵出仔鱼。

斜带髭鲷人工繁殖已获成功。斜带髭鲷也是常见海水养殖品种。

大弹涂鱼

大弹涂鱼属硬骨鱼纲辐鳍亚纲鲈形目虾虎鱼亚目背眼虾虎鱼亚科一属。又称花跳、跳跳鱼、星点弹涂。

大弹涂鱼主要分布于日本、韩国、中国、越南和马来西亚。在中国，大弹涂鱼产于江苏、浙江、福建、台湾、广东和广西等省、自治区沿海。

◆ 形态特征

大弹涂鱼一般体长 10 ～ 20 厘米。体延长，前部亚圆筒形，后部侧扁。头大，稍侧扁。头部有 2 个感觉管孔。吻圆钝，大于眼径。眼小，背侧位，互相靠近，突出于头顶之上，下眼睑发达。背鳍Ⅴ，Ⅰ -23-26；臀鳍Ⅰ -23-25；胸鳍 18 ～ 22；腹鳍Ⅰ -5；

大弹涂鱼

尾鳍 17 ～ 18。纵列鳞 89 ～ 115；横列鳞 22 ～ 25；背鳍前鳞 28 ～ 36。鳃耙 5+5-6。椎骨 26 枚。背鳍和尾鳍上有蓝色小圆点。体背黑褐色，腹部灰色。体重 20 ～ 50 克。

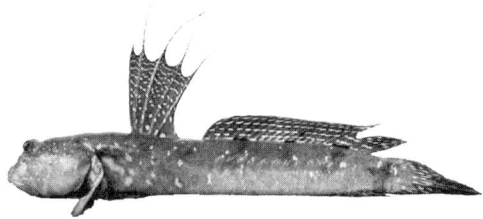

◆ 生活习性

大弹涂鱼为暖水广温广盐性的两栖鱼类，生活于河口港湾潮间带淤泥滩涂及红树林区，营穴居生活。视觉和听觉灵敏，通常在退潮时出洞，依靠发达的胸鳍肌柄在滩涂上爬行、摄食和跳跃，稍受惊即潜回水中或钻入洞穴内。有洞穴内越冬习性。大弹涂鱼常在退潮时出洞穴索饵，食性为杂食性，主食底栖硅藻和蓝绿藻，兼食泥土中的有机质及桡足类和圆虫等。

◆ 生长与繁殖

大弹涂鱼初次性成熟年龄为 1 龄，生殖季节为每年的 5 ~ 9 月，其中 5 ~ 6 月为生殖高峰期。生殖季节雌、雄鱼配对在洞穴内的产卵室交配产卵，雌鱼产卵后离开洞穴，由雄鱼留洞护卵；受精卵依靠黏着丝黏附在产卵室的顶部和周壁，5 ~ 6 天孵出仔鱼。

大弹涂鱼是一种重要的滩涂养殖鱼类，其养殖具有管理简便、成本低、经济效益高以及无环境污染等特点。

大黄鱼

大黄鱼属动物界脊索动物门硬骨鱼纲辐鳍亚纲鲈形目石首鱼科黄鱼属一种。俗称红口、黄纹、黄鱼、黄金龙、黄瓜鱼、大鲜和大黄花鱼等。

◆ 种群与分布

大黄鱼分布在黄海南部、东海、台湾海峡到南海雷州半岛以东沿海。

大黄鱼有 3 个地理种群，第一个地理种群为南黄海－东海地理种群，包括八个产卵群体，其产卵群体数量最多；第二个地理种群为台湾海峡－粤东地理种群，存在四个产卵群体，其产卵群体数量较少；第三个地理种群为粤西地理种群，只有两个产卵群体，其产卵群体数量最少。这 3 个大黄鱼地理种群具有明显的生殖地理变异，即第一个地理种群中，春季生殖的春宗群体多于秋季生殖的秋宗群体；第二个地理种群中的秋宗群体向南逐渐增加，而春宗群体则向南逐渐减少；第三个地理种群则以秋宗群体为主，春宗群体为辅。每个地理种群中的各个产卵群体均为同域分布，生殖隔离明显。

◆ **形态特征**

大黄鱼体侧扁；背、腹缘均广弧形；尾柄长为其高的 3 倍以上；体长为体高的 3.7 ～ 4.0 倍。头侧扁，大而尖钝。吻钝尖，吻上孔 3 个或消失；吻缘孔 5 个。眼中大，上侧位；眼间隔圆凸。鼻孔每侧 2 个。口前位，斜裂，下颌稍突出。牙细小而尖锐。颏孔 6 个，无颏须。鳃孔大，鳃盖膜不与峡部相连。前鳃盖骨边缘具细锯齿；鳃盖骨

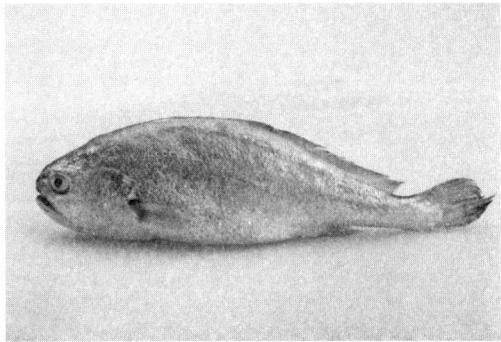

大黄鱼

后上方具 2 扁棘。鳃盖条 7。鳃耙细长。头及体前部被圆鳞，体后部被栉鳞。背鳍Ⅷ～Ⅸ，Ⅰ -31 ～ 34；臀鳍Ⅱ -8；胸鳍 15 ～ 17；腹鳍Ⅰ -5；尾鳍尖长，稍呈楔形；侧线鳞 56 ～ 57。背侧黄褐色，腹侧金黄色，背鳍、尾鳍灰黄色，胸鳍、腹鳍黄色，唇橘红色。

◆ **生活习性**

大黄鱼属中下层鱼类，一般栖息于水深 30 ～ 60 米海区的中下层，只有在摄食和繁殖季节追逐交配时才升至中上层。大黄鱼为暖温性、广盐性河口鱼类，适宜温度 8 ～ 32℃，最适温度为 20 ～ 28℃；适宜盐度 6.50 ～ 34.00，最适盐度 24.50 ～ 30.0；溶解氧要求在 5 毫升 / 升以上，临界值为 3 毫升 / 升；pH 为 7.85 ～ 8.35；适宜光照度约 1000 勒克斯，

透明度 0.2～3.0 米。大黄鱼为广谱肉食性鱼类，摄食的天然饵料生物累计达上百种。开口仔鱼捕食轮虫和桡足类、多毛类、瓣鳃类等浮游幼体；稚鱼阶段主食桡足类和其他小型甲壳类；50 克以下的早期幼鱼主食糠虾、磷虾、莹虾等小型甲壳类；50 克以上大黄鱼主食小杂鱼虾。大黄鱼具有集群摄食习性，在大群体或较高密度条件下摄食旺盛。其摄食强度与温度密切相关。在高密度与饥饿状态下，从稚鱼起就有自相残食现象。大黄鱼生长发育阶段可分仔鱼期、稚鱼期、幼鱼期和成鱼期。体长在 1 龄前增长较快，从 2 龄开始就明显变慢；体重增加在 6 龄前均较明显，尤其在 1～3 龄。不同种群的生长速度也不同，并与水温、饵料及群体大小等有关。同龄的雌鱼明显比雄鱼生长快。

◆ **洄游与繁殖**

大黄鱼可做生殖洄游、索饵洄游和越冬洄游。①生殖洄游。春季，随着台湾暖流与南海水等外海高温高盐水势力的增强，鱼群开始离开越冬场，向北、向近岸洄游，主要在 5～6 月产卵。在长江口外和浙江外海越冬的大黄鱼，到浙江的猫头洋、岱衢洋和江苏的吕泗洋产卵；闽江口及其南北临近外侧越冬的大黄鱼，到官井洋及东引等闽江口外海产卵；珠江口外越冬的大黄鱼，到南澳岛近海产卵。②索饵洄游。产卵后的生殖群体及其稚、幼鱼分散在产卵场附近的湾内外和河口的广阔浅海索饵育肥。③越冬洄游。秋后，随着水温下降，在沿岸、内湾的大黄鱼，集群向南、向外洄游，12 月至翌年 3 月，在长江、瓯江、闽江及珠江等江口外 50～80 米海域的底层越冬。

根据东海区大陆架渔业资源调查（1978～1985）并结合历史资

料，分布于东海区的大黄鱼有 3 个越冬场。①江外、舟外渔场越冬场，50 ～ 80 米水深海域。②浙南、闽东、闽中外侧海区越冬场，30 ～ 60 米水深海域。③大沙、沙外渔场越冬场，50 ～ 70 米水深海域。其中，第一个越冬场范围较大，鱼群数量也较多。越冬场水温 9 ～ 11℃，盐度 33 左右。越冬期一般为 1 ～ 3 月。4 ～ 6 月随着沿岸近海水温升高，暖流势力增强，夏季全从越冬场结群游向沿海产卵场产卵。其中江外、舟外越冬场的鱼群主群大致朝西北游向长江口渔场北部和吕泗渔场南部，支群朝偏西方向进入岱衢海区产卵场，尚有部分鱼群北上进入大沙渔场，混同该越冬场的群体进去吕泗渔场；在大沙越冬场的鱼群，除主要进去吕泗渔场外，尚有一定数量鱼群进入海州湾产卵。

岱衢洋的大黄鱼和闽东大黄鱼一般 2 龄可达性成熟；硇洲族的大黄鱼 1 龄时可达性成熟。雄鱼性成熟的年龄比雌鱼略小。大黄鱼性成熟除与年龄、生长密切相关外，还与越冬条件、水温、光照、饵料、鱼体含脂量等综合因子有关。人工养殖大黄鱼的性成熟要比野生的早。

◆ **资源利用**

大黄鱼曾是中国海洋四大主捕对象（大黄鱼、小黄鱼、带鱼、乌贼）之一。20 世纪 60 年代，大黄鱼多达 24 ～ 25 个年龄组，以大黄鱼剩余群体为主捕对象；至 70 年代，减少到 14 ～ 15 个年龄组，以大黄鱼补充群体为主捕对象；至 80 年代初期，仅有 10 个年龄组。20 世纪中叶，"敲罟"渔法造成其资源枯竭，禁止"敲罟"后的 70 年代前期，资源恢复到全国平均年捕捞量约 12 万吨的水平。但 70 年代的"机动大围网"歼灭性围捕，导致各渔场均不成鱼汛。闽东科技人员从 1985 年起，历经人工育苗初试、全人工批量育苗科技攻关、养殖技术的成熟、养殖技术产业化、产业技术支撑体系与产业提升等，大黄鱼成为中国最大规模的海水养殖鱼类和八大优势出口养殖水产品之一。2015 年养殖产量 14.86 万吨，相关企业 200 余家，总产值百亿元，直接、间接从业人员约 30 万。

◆ **资源养护**

1985 年，中国福建省在原官井洋大黄鱼产卵场及邻近的索饵场、洄游通道海域，设立了总面积 329.5 平方千米的"官井洋大黄鱼繁殖保护区"；后经两次修改将其缩小到 190 平方千米。2008 年，农业部公布了首批的包括 190 平方千米"官井洋大黄鱼"的"国家级水产种质资源保护区"。2012 年"福建省国家级官井洋大黄鱼原种场"挂牌。大黄鱼作为主要的增殖放流种类，但因长期的高强度捕捞，其资源仍不见恢复迹象。

为恢复其天然资源，需加强对稚鱼阶段的定置张网、幼鱼阶段的拖网、越冬场的机动大围网和产卵场各种网具的管理，要加大增殖放流力度。

大菱鲆

大菱鲆属鲽形目鲆科菱鲆属一种，又称多宝鱼，是中国重要海水养殖鱼类。

大菱鲆自然分布于大西洋东部及东北部连续的大陆架，相对盛产于北海、波罗的海，以及冰岛和斯堪的纳维亚半岛附近海域。大菱鲆是欧洲特有的名贵食用鱼，中国于 1992 年由中国水产科学院黄海水产研究所从英国引进。

◆ 形态特征

大菱鲆两眼位于头部左侧，外形体呈菱形，又近似圆形。背部有少量角质鳞分布，触摸时略感粗糙。口大，吻短，口裂前上位，斜裂较大。上下颌对称，上颌骨较短，下颌骨稍长并向前伸。头长为颌长的 2～3 倍。颌牙尖细而弯曲，无犬齿。有眼侧呈棕褐色，具咖啡色和黑色点状色素；无眼侧光滑白色，背鳍与臀无硬体且较长。

◆ 生活习性

野生雌性大菱鲆 3 龄性成熟，雄鱼 2 龄性成熟，自然繁殖季节 5～8月份。大菱鲆在自然界营底栖生活，喜欢滞留于沙质、沙砾或混合底质的海区。成鱼以底栖鱼类、贝类和甲壳类等为食。

大菱鲆

◆ 养殖概况

大菱鲆对不良环境的耐受力较强；性格温顺，喜集群生活，几乎没有"争斗"和"残食"现象；互相多层挤压一起，除头部外，重叠面积可超过 60%，对其生长、生活无妨；大菱鲆喜集群摄食，饲料利用率和转化率都很高，适于集约化养殖，是北方沿海工厂化养殖的一种良种；同时，随着新养殖模式的探索，大菱鲆在中国南方沿海已有一定规模"海陆接力""南北接力"的网箱养殖。

带　鱼

带鱼属动物界脊索动物门脊椎动物亚门硬骨鱼纲辐鳍亚纲鲈形目带鱼科带鱼属一种。又称刀鱼、白带鱼、牙带鱼、鉤鱼、裙带、肥带、油带。带鱼是中国近海经济食用鱼类，为中国传统"四大海产"（带鱼、小黄鱼、大黄鱼、乌贼）之一。

◆ 分布

带鱼广泛分布于大西洋、太平洋、印度洋的热带至温带海域。中国沿海均有分布。中国近海带鱼可分为黄－渤海群、东海群、南海群等3个地理种群。东海南部外海可能存在另一个独立的带鱼群体。

◆ 形态特征

带鱼体长达1米余。体极延长，侧扁，呈带状；背尾向后渐细，成鞭状。全长为肛长（鱼体由吻端到肛门前缘的长度）的2.5～3倍。吻尖长。眼中等大小，高位。口大，上颌骨伸达眼的下方，下颌突出。牙强大，侧扁而尖，排列稀疏；上、下颌的前端均有犬牙，两侧有侧牙。鳃耙细短。鳞退化。侧线始于鳃盖上缘，在胸鳍上方显著下弯，沿腹

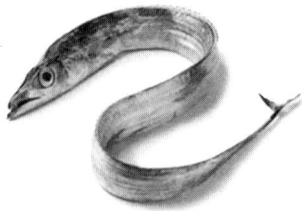

带鱼形态图

缘伸达尾端。背鳍较高；臀鳍退化为小刺，常埋入皮下或稍突出体表。无腹鳍和尾鳍。体呈银白色，背鳍与胸鳍浅灰色，鳍膜上布有小黑点，尾鞭呈黑色。

◆ **生活习性**

带鱼通常栖息于近海浅水底层，常进入河口。大的成年个体通常白天在近表层水域摄食，夜间游至底层；幼鱼和小个体成鱼白天常在近底层水域摄食，夜间游至近表层水域。幼鱼主要以磷虾、浮游甲壳类和小型鱼类为食。成鱼主要以鱼类为食，同类相残很常见，有时也以头足类和甲壳类为食。

带鱼生长迅速。1冬龄鱼平均肛长即可达180～190毫米，重90～110克，年轮的形成时间在冬春季，晚生群的第一轮距明显小于早生群。2冬龄鱼肛长即可达280～290毫米，重300余克，年轮的形成时间在春夏季。近海最大个体的肛长约为500毫米，最大年龄为7龄。东海带鱼的性成熟比黄、渤海的早，1龄鱼即可大部达性成熟。带鱼产卵期在4～7月，并可一直延续到10月以后。属于多次排卵类型，产卵期可排卵2～3次，第一次到第二次排卵间隔约为1个月。带鱼的个体绝对繁殖力为1万～1.6万粒，个体相对繁殖力约为140粒/克。卵和仔稚鱼均为浮性。

◆ **洄游**

黄-渤海带鱼种群。产卵场位于黄海沿岸和渤海的莱州湾、渤海湾、辽东湾，越冬场位于济州岛附近。3～4月带鱼从越冬场向产卵场作产卵前期索饵和产卵洄游；夏、秋季产卵群体产卵后向黄、渤海近海和河口作索饵洄游；至秋末冬初，11月前越冬群体离开渤海，12月底前后离开黄海北部和中部，进入济州岛附近越冬场。

东海带鱼种群。基本上属于南北往返洄游类型，也有东南-西北向的洄游方式。春季，在浙江中南部外海越冬的带鱼性腺开始发育并向近海移动，由南向北进行生殖洄游。浙江中南部近海的产卵期为4～6月，浙江中北部海域5～7月形成生殖高潮。从8月起产卵鱼群明显减少，主群继续北上越过长江口，8～10月进入黄海南部海域索饵。秋末冬初鱼群开始进行越冬洄游，或从江苏、长江口、舟山渔场的索饵海区沿东南方向进入东海外海，或由北向南沿浙江近海进入福建的闽东、闽中渔场。但闽南—台湾浅滩的群体一般不作长距离洄游。

南海带鱼种群。一般分布于南海北部大陆架浅水区，属近海洄游类型。11月从台湾海峡进入南海，向西作长距离适温洄游。12月密集于珠江口，随后分两部分洄游：一支鱼群迁回于308、309等渔区，之后向沿岸北上并靠近浅水海域，次年1～3月途经310、311等渔区进行繁殖，产卵完毕转向深海；另一支鱼群继续向西移动，5月大都移动到上川岛外海，7月洄游到大洲附近海域。此后，带鱼开始按原路线向东北洄游。北部湾的带鱼只在本海域做深、浅水移动。

◆ 资源利用

带鱼是中国海洋捕捞单鱼种渔获量最高的种类。2013年带鱼渔获量占全国海洋捕捞总产量的8.67%。带鱼资源在20世纪50年代起逐渐得到开发利用，主要作业方式有囊围网、底拖网、帆式张网、钓等。带鱼渔场主要集中在沿岸和近海。到70年代中期，带鱼资源已得到充分开发；但从70年代后期起，带鱼资源已被过度利用，资源密度下降，年渔获量也明显下降；到80年代后期，带鱼资源降到低谷。自80年代中后期，带鱼的捕捞作业方式变为以底拖网为主后，且外海渔场的带鱼资源逐渐得到开发和利用，带鱼渔获量呈上升势头。1995 年起实施新的"伏季休渔"制度后，带鱼的年渔获量大幅上升。由于快速递增的捕捞力量超过了资源的承受能力，带鱼资源并未根本好转。带鱼的高产主要是得益于"伏休"等保护措施的实施，并通过加大捕捞强度、扩大捕捞区域、大量捕捞带鱼幼体等手段获得的。21 世纪以来，带鱼资源处于过度利用状态，群体组成小型化、性成熟提早、单位渔获量下降等生长型过度捕捞现象比较明显，资源结构尚不合理，捕捞产量和资源波动加剧。

◆ **资源养护**

带鱼是中国海洋捕捞对象中最重要的经济鱼类，带鱼资源的兴衰关系到中国海洋捕捞业的稳定，是中国渔业资源研究和管理的重点鱼种。带鱼养护采取的主要措施有：①伏季休渔制度。针对带鱼资源下滑的趋势，中国从 1995 年起在黄海南部和东海实行 7 月、8 月两个月的伏季休渔制度，1998 年起又将休渔时间延长为 3 个月。1999 年起在南海、2004 年起在渤海也实行伏季休渔制度。伏季休渔制度对带鱼的繁殖、幼鱼的生长发育起了关键性的保护作用，取得了十分显著的生态效益。②保护区建设。为制止带鱼资源不断衰退的局面，中国从 1981 年 4 月 22 日起在东海北部和黄海南部设立带鱼幼鱼保护区，每年 8 ～ 10 月禁止机动底拖网渔船进入生产；1989 年 5 月，中国在东海设立了产卵带鱼保护区，在保护区内 5 ～ 6 月禁止捕捞产卵带鱼；2008 年 12 月，中国设立了东海带鱼国家级水产种质资源保护区，保护期为每年 4 月 16 日至 9 月 16 日（2011 年调整至 7 月 1 日）。③资源管理建议。总的管理意见是实行"夏保、秋养、冬捕"的生产方针，有条件时也可提倡"休半年、捕半年"的生产方式，或逐渐推行带鱼的限额捕捞。

◆ 价值

带鱼肉细嫩，清蒸、煮食或制成五香鱼罐头，都别具风味。腌带鱼更是传统的副食品。带鱼皮肤上的虹彩细胞还可制作装饰品的银色涂料和多种医药原料。

清蒸带鱼

点篮子鱼

点篮子鱼属动物界脊索动物门硬骨鱼纲辐鳍亚纲鲈形目刺尾鱼亚目篮子鱼科篮子鱼属一种。又称黎猛、金鼓鱼。商品名金虎斑。

点篮子鱼广泛分布于印度－太平洋热带及亚热带海域及地中海东部的国家，包括印度、马来半岛、中国、日本、菲律宾、印度尼西亚、澳大利亚等。在中国，主要分布在南海、台湾海峡。

◆ 形态特征

点篮子鱼体长椭圆形，侧扁，背缘和腹缘浅弧形，体长为体高2.0倍，为头长3.8倍。头短小，头部覆盖着条纹和斑点。口小，前下位。背鳍起点前方具有1埋于皮下的向前小刺，背鳍具13根硬刺、10根软鳍条，臀鳍具7根硬刺、9根软鳍条，尾鳍浅叉形、略凹，背鳍、腹鳍与臀鳍的硬棘强大且皆具毒腺，刺伤剧痛。体被细小圆鳞，埋于皮下。体褐色，体侧散布许多金黄色斑点，背鳍基后下方有1橙黄色鞍状斑。

◆ **生活习性**

点篮子鱼是一种偏植性食性杂、广盐、暖水性鱼类，从珊瑚礁到河口水域均有分布。生活于水深 1～6 米海域，常栖息于海藻茂盛且水流平缓的礁石或河口区。以藻类、植物碎屑及小型底栖无脊椎动物为食，白天与夜间均有觅食行为。性成熟亲鱼一般 2 冬龄体长达 200 毫米左右，每年 5～6 月为自然繁殖季节，最适水温在 24～28℃，卵微黏性、半浮性，卵径 0.45～0.64 毫米，吸水后胚胎大小为 0.85～1.05 毫米，油球 4～9 个，油球径 0.05～0.155 毫米。水温 25℃经过 24 小时左右孵化出膜，刚孵仔鱼全长为 1.00～1.20 毫米，油球 1 个，位于卵黄囊前端下部，仔鱼头部朝下呈悬挂状或平躺各水层，仅能作间断的窜动。孵化后第 3～4 天，仔鱼全长 1.40～1.68 毫米，肠道形成，并可主动摄食，仔鱼已能摄食小型轮虫和藻类，点篮子鱼口裂小，仅有 82.5 微米，开口十分困难。26～30 日龄，幼鱼全长 18.50～25.50 毫米，幼鱼常进入河口觅食；成鱼则在沿海活动。

◆ **养殖概况**

随着市场对篮子鱼需求量的增加，点篮子鱼的养殖方式也由原来单纯地利用其喜食附着藻类的特性作为清洁网箱鱼类少量混养，发展为网箱单养和海水或咸淡水池塘与鱼、虾、蟹、刺参混养。点篮子鱼养殖适温范围在 18～30℃，最适宜水温在 23～28℃，在北方地区不能自然越冬。在盐度 5～33，春末 5 月份放养规格在 3 厘米左右的鱼种，经 5 个月饲养，体重可达 150～250 克，2 周年体重可达 500～1000 克，3 周年可达 2000 克。在中国，成鱼养殖主要集中在海南、福建、广东等地，以近海网箱养殖和池塘养殖为主，部分作为刺参、贝类养殖池生物防治套养品种；在马来半岛、菲律宾、印度尼西亚也有养殖。

褐篮子鱼

褐篮子鱼属动物界硬骨鱼纲辐鳍亚纲鲈形目刺尾鱼亚目篮子鱼科篮子鱼属一种。又称泥鲢、臭肚、象鱼。

◆ 分布

褐篮子鱼广泛分布于印度洋、西太平洋区礁石和珊瑚中，包括斯里兰卡、印度、泰国、缅甸、马来西亚、菲律宾、日本、越南、印尼、几内亚、澳大利亚、密克罗尼西亚、帕劳、马里亚纳群岛、马绍尔群岛、瑙鲁、所罗门群岛、斐济群岛、新喀里多尼亚等海域。在中国的东海、黄海、南海及台湾海域均有分布。

◆ 形态特征

褐篮子鱼体褐色或黄褐色，散布着许多白点及小黑斑。体长椭圆形，侧扁，背缘和腹缘浅弧形。体长为体高 2.5 ～ 2.8 倍，为头长 3.6 ～ 3.8 倍，达 40 厘米；重可达 1 千克。头小，口略突出，头脸似兔，

褐篮子鱼

故英语有兔鱼之称。腹鳍两侧有硬刺，中间为软条，其背鳍、臀鳍和腹鳍的刺有毒腺，刺伤剧痛；尾鳍后缘弯入，尾鳍略凹，浅叉形。

◆ **生活习性**

褐篮子鱼生活在 1 ～ 50 米海域，幼鱼常在浅滩处发现，成鱼栖息于海藻茂盛的礁石平台、缓坡或礁沙混合区。褐篮子鱼杂食性，以藻类、植物碎屑及小型底栖无脊椎动物为食，白天与夜间均有觅食行为。性成熟亲鱼一般是 1 冬龄体长达 150 毫米以上，每年 5 ～ 6 月为自然繁殖季节，最适水温在 25 ～ 28℃，卵微黏性半浮性，其卵径为 0.39 ～ 0.60 毫米，水温 25℃经过 22 ～ 25 小时左右孵化出膜。

◆ **养殖**

中国褐篮子鱼成鱼养殖主要集中在海南、福建、广东等地，以近海网箱养殖和池塘养殖为主，部分作为刺参、贝类养殖池生物防治套养品种。马来半岛、菲律宾、印度尼西亚、新加坡、斐济、埃及等国也有养殖。褐篮子鱼是联合国粮食及农业组织（FAO）向世界各国推广的主要养殖对象和"一带一路"沿海国家（包括东南亚、非洲及地中海东部、中东地区）适养品种之一。

褐篮子鱼适合于单养或混养。褐篮子鱼养殖适温范围在15 ～ 32℃，最适宜水温在 20 ～ 29℃，在北方地区不能自然越冬。孵化出膜后口裂小，开口困难，3 天后开口投喂轮虫为 S 形褶皱臂尾轮虫，保持水中单胞藻的浓度来增加轮虫的挂卵，以适合小口径的仔鱼食用，轮虫密度为 3 ～ 5 个 / 毫升；第 13 天仔鱼体长超过 7 毫米，开始每池投喂初孵丰年虫和补充投喂桡足类，丰年虫投喂密度为 0.5 ～ 1 个 / 毫升。稚鱼长到全长约 1.5 厘米，适当混合投喂一些人工饵料进行驯化。

褐篮子鱼养殖病害防治：肠炎，6 ～ 9 月为发病高峰，在高温季节定期添加大蒜素（最好用新鲜大蒜）拌饵投喂，并根据天气、潮水注意控料，加以预防；每年 6 ～ 10 月预防褐篮子鱼虹彩病毒病暴发。

在盐度 5 ～ 33，春末 5 月份放养规格在 3 厘米左右的鱼种，经 5 个月饲养，体重可达 100 ～ 200 克，2 周年体重可达 500 ～ 1000 克。

红鳍东方鲀

红鳍东方鲀属动物界脊索动物门硬骨鱼纲鲀形目鲀科东方鲀属一种。红鳍东方鲀是中国重要的出口创汇水产品之一。

红鳍东方鲀分布于北太平洋西部，主产日本沿海。在中国，红鳍东方鲀产于黄海、渤海和东海。

◆ 形态特征

红鳍东方鲀是大形鲀类，体亚圆筒形。口小，端位。上下齿各有两个牙齿形似人牙，身体背面和上侧面青黑色，腹面白色。胸鳍后上方体侧有一白边黑色大斑，斑的前方、下方及后方有小黑斑。臀鳍白色或淡红色，各鳍黑色。

◆ 生活习性

红鳍东方鲀为暖水性近海底栖食肉性鱼类，主食贝类、甲壳类和小鱼。红鳍东方鲀性成熟年龄 3 ～ 4 龄，产卵期为 11 月至翌年 3 月，产卵场一般在盐度较低的河口内湾地区，有由深海向近海洄游的习性。日本将河鲀奉为"鱼中之王"，河鲀料理——生鱼片，声誉极高，价格昂贵，加之音译名"福古"（Fugu），有吉祥之意，所以历来是日本"食"文化的重要代表。

◆　养殖概况

1981 年，中国水产学科研究院黄海水产研究所已经开始了红鳍东方鲀天然苗的网箱养殖试验，在中国沿海有网箱、池塘和工厂化养殖等方式。红鳍东方鲀个体大、生性凶猛，养殖时要进行齿切除工作，以防发生自残。中国养殖红鳍东方鲀主要出口日本和韩国，部分供应中国国内市场。

花　鲈

花鲈属动物界脊索动物门硬骨鱼纲鲈形目花鲈属一种，是中国重要海水养殖品种之一。又称鲈鱼、海鲈、寨花等。

◆　分布

花鲈广泛分布于中国黄海、渤海、东海和南海，包括台湾地区和海南岛沿岸。黄海东部、朝鲜半岛西部沿岸、南海北部湾西部、越南沿岸也有分布。

◆　形态特征

花鲈体延长而侧扁，背部隆起，腹面钝圆。口大，端位，斜裂。背鳍两个，第 1 背鳍为

花鲈

12 根硬刺，第 2 背鳍为 1 根硬刺和 11 ～ 13 根软鳍条，尾鳍边缘黑色，呈叉形。侧线以上及背鳍常散布若干不规则黑色斑点。

◆　生活习性

花鲈喜栖息于河口咸淡水处，亦能生活于淡水和海水。花鲈主要在

水域中、下层活动，有时也潜入底层觅食。花鲈适温性广，既能在北方冬季越冬，也能安全度过南方高温季节。花鲈养殖适温在 3 ~ 29℃，最适水温在 16 ~ 27℃。花鲈鱼苗以浮游动物为食，幼鱼以虾类为主食，成鱼则以鱼类为主食，为凶猛肉食性鱼类。生殖季节在秋末，性成熟亲鱼一般是 3 冬龄体长达 600 毫米左右个体。花鲈卵浮性，卵径 1.35 ~ 1.44 毫米。在水温 15℃时，4 天左右孵化，初孵仔鱼全长 4.42 ~ 4.60 毫米，孵化 5 日左右，卵黄及油球吸收殆尽。当体长达 20 毫米时，常出现于近岸底层，翌年春季体长达 30 毫米左右时在近岸浅水初现。

尖吻鲈

尖吻鲈属鲈形目尖吻鲈科尖吻鲈属一种。又称亚洲鲈、尖嘴鲈、金目鲈、盲槽等。

◆ 分布

尖吻鲈主要分布于中国南海和东海，台湾沿海也有分布，但以南部养殖较多；印度、缅甸、印度尼西亚、菲律宾、大洋洲等海域也有分布。

◆ 形态特征

尖吻鲈体延长，稍侧扁。口中等大，微倾斜，吻尖而短。眼中等大，有红斑。二背鳍基部相连，第一背鳍具 7 ~ 8 硬棘，第二背鳍 11 ~ 12 软条；尾鳍呈圆形。体色上侧部为茶褐色，下侧部为银白色。

◆ 生活习性

尖吻鲈为热带与亚热带鱼类。尖吻鲈主要栖息于岩岸礁石与泥沙交汇处，常活动于半淡咸水水域，亦会溯入淡水河川。尖吻鲈为广盐性鱼类且不耐低温。在沿海水域栖息和觅食，喜缓缓而流的清水。尖吻鲈为肉食性鱼类，体长 1～10 厘米尖吻鲈，胃内 20% 浮游植物，其余为小鱼虾。较大者为肉食性，70% 为虾，30% 为小鱼。体长 0.5～0.8 厘米，饲养 15～20 天，体长可达 3 厘米左右，经 100 天饲养，体重达 1 千克即可上市。湛江近海常捕获 5 千克以上个体，南海海峡东部曾捕获 20 千克以上个体。

尖吻鲈栖息于河口、江河以及湖泊中生长、发育到繁殖季节，然后再洄游到海洋中进行产卵。尖吻鲈是雄性先熟的雌雄同体鱼类，雄性在 4～5 龄，体长达 30～35 厘米时开始向雌性转化，历经 1～2 年发育，雌性个体成熟。在中国海域，尖吻鲈繁殖季节为 6～10 月，繁殖能力极强，体重为 5.5～11 千克雌鱼，产卵量为 200 万～700 万粒。

◆ **养殖概况**

尖吻鲈具有适应能力强、食量大、生长快、病害少，肉质鲜美、营养价值高等优点。由 3～5 厘米鱼苗养至 400～500 克上市规格只需 4 个月左右，市场需求量大。尖吻鲈可在海水和淡水池塘及网箱中进行养殖，适合大面积推广，产量较高。东南亚各国、澳大利亚，中国香港、台湾、海南、广东深圳及中山等地都在发展尖吻鲈养殖。

褐点石斑鱼

褐点石斑鱼属动物界硬骨鱼纲鲈形目石斑鱼科石斑鱼属一种。又称老虎斑、虎斑、过鱼等。

褐点石斑鱼广泛分布于印度－太平洋区，包括红海。沿非洲东岸到莫桑比克，向东延伸至萨摩亚及菲尼克斯群岛，北自日本南部，南迄澳大利亚等均有褐点石斑鱼分布。在中国，褐点石斑鱼主要分布于台湾南部、西部、东北部及澎湖。

◆ **形态特征**

褐点石斑鱼体呈长椭圆形，侧扁而粗壮。成鱼的头背部框架在眼睛处有凹痕，从该处到背鳍的起点位置有明显的凸起；背鳍鳍棘部与鳍条部相连，无缺刻，具硬棘 11，鳍条 14～15，第三和第四根鳍棘最长，棘间膜有明显的缺刻；臀鳍硬棘 3 枚，鳍条 8；腹鳍腹位，末端延伸不及肛门开口；胸鳍圆形，中央之鳍条长于上下方之鳍条，且长于腹鳍，有 18～20 根鳍条；尾鳍圆形。体呈淡黄褐色，有 5 块纵系列的深褐色暗斑组成了不规则的条纹；头部、体侧和鳍密集分布着小的褐色斑点，在深色暗斑上的小斑点比位于暗斑之间的小斑点颜色深很多；尾柄后缘具一模糊的黑色鞍状斑；在颌骨一侧有 2 或 3 根模糊的深色条纹。

◆ **生活习性**

褐点石斑鱼为暖水性近岸及珊瑚礁鱼类，喜欢栖息于水深不超过 60 米的珊瑚礁及岩礁区域。适宜生长的水温为 25－32℃，最佳生长盐度为 20～29。主要摄食鱼类、甲壳类及头足类，为凶猛肉食性鱼类。雌鱼可在体长 68 厘米左右性逆转。生殖季节在海南三亚地区为每年 4 月至 11 月。卵浮性，卵径 0.83～0.94 毫米。在水温 25.5～28.0℃条件下，褐点石斑鱼胚胎历时 24～32 小时孵化，初孵仔鱼全身透明，全长 1.35～2.15 毫米。72 小时后卵黄囊消失，仔鱼开口摄食。

◆ **养殖概况**

褐点石斑鱼营养丰富，味道鲜美，生长速度快，经济价值高，是中国南方重要的石斑鱼养殖品种。褐点石斑鱼主要采用陆上水泥池或海上网箱进行养殖，养殖最适宜水温在 25～32℃，适宜生长的盐度范围较广，在 10 以上盐度的水中均可生长，最佳生长盐度为 20～29。pH 在 8.0～8.5。养殖主要集中在中国福建、广东、广西、海南、台湾，以及东南亚部分地区。

巨石斑鱼

巨石斑鱼属动物界硬骨鱼纲鲈形目石斑鱼科石斑鱼属一种。又称石斑、过鱼、虎麻等。

◆ **分布**

自红海到非洲南部和皮特克恩群岛的底细岛，大洋洲最东边的环礁均有巨石斑鱼分布；在太平洋西部其分布自日本到新南威尔士和豪勋爵岛。相比于大陆海岸，巨石斑鱼更多分布于海岛，但也分布于珊瑚礁发育较好的大陆地区，如阿克巴湾。中国常见于南海。

◆ **形态特征**

巨石斑鱼体长为体高的 3～3.6 倍。头大，体长为头长的 2.1～2.4 倍。上颌长为鼻长的 2～2.4 倍。眶间区窄，平坦到微凹，头长为眶间区宽的 6.8～8.1 倍，上颌长为眶间区宽的 3.1～4 倍。前鳃盖骨宽而圆，角落处有略大的锯齿；鳃盖骨上缘几乎为直线。后鼻孔明显大于前鼻孔。颌骨远超过眼睛，最大宽度约是眶下宽度的 2 倍，颌骨宽为体长的

6.8%～8.1%；上颌长度为体长的21%～24%，下颌中侧部有2～5排牙齿；上颌软组织处的内齿比颌前部的犬齿长。上支鳃耙数8～10，下支鳃耙数17～20；鳃弓侧无骨板。背鳍有硬棘6枚，鳍条13～16根，第3～5枚硬棘最长，头长为其长的3.1～4.7倍，且其长明显短于最长鳍条长；棘间背鳍膜有锯齿；臀鳍有3枚硬棘，8根鳍条；胸鳍鳍条数18～19，头长为胸鳍长的1.7～2.4倍、腹鳍长的2.2～2.8倍；尾鳍圆形。幼鱼体侧被栉鳞，成鱼鳞片光滑，除胸鳍覆盖的小片；侧线鳞孔数63～74；纵列鳞数95～112。幽门盲囊数16～18。头体部为浅灰绿色或棕色，覆盖有圆形深色小点，其颜色从暗橘红色到深棕色不等，中间颜色深于边缘。头部斑点越往前越小。最后4根

巨石斑鱼

背鳍条根部通常可见1黑色大斑点或1组小黑点，延伸到鳍下部。体侧可能有5条模糊的接近垂直的条纹，4条在背鳍下，第5条在尾柄处。鳍上覆盖有深色斑点，胸鳍上越接近末端斑点越小且越不明显；尾鳍、臀鳍和胸鳍的后缘通常有白色边缘；软背鳍上有深色点，幼鱼的尾鳍和臀鳍上的点过于密集以至于白色空隙形成白网状。

◆ **生活习性**

巨石斑鱼栖息于水质清澈的珊瑚礁区。幼鱼常出现在礁磐或潮池中，成鱼通常在较深的水域中。巨石斑鱼属肉食性，主要以鱼类为食，偶尔摄食甲壳类。28℃条件下受精卵35小时孵化，第3～4天仔鱼开口，

1个月之后体长在2厘米左右。

◆　**生产概况**

巨石斑鱼属经济性食用鱼，肉质鲜美、营养丰富、价格昂贵。巨石斑鱼人工育苗已获初步成功，但成活率低，截至2016年尚未能实现规模化养殖。巨石斑鱼放养规格在10～15厘米左右的鱼种，经7个月饲养，体重可达550～700克。捕捞以延绳网或1支钓为主。

青石斑鱼

青石斑鱼属动物界硬骨鱼纲鲈形目石斑鱼科石斑鱼属一种。又称土鲙、腊鲙、过鱼等。

◆　**分布**

青石斑鱼分布于北太平洋西部，日本、韩国、中国、越南等海域。中国产于南海及东海，其中尤以福建、广东沿海较多。

◆　**形态特征**

青石斑鱼体修长，呈椭圆形。体长分别为体高的2.7～3.3倍和头长的2.3～2.6倍。头较大，头长大于体高。头背部弧形。眶间区窄，中央微凸，为眼径的0.8～1.2倍，背侧头部剖面凸起程度较大。眼中大，侧上位，短于吻长。吻圆钝，为眼径的1.1～1.9倍。鼻孔小，每侧两个，紧相邻，前鼻孔具鼻瓣。上颌边缘与眼后缘大致在同一垂直线上，上颌前端具有3个圆锥齿及1个能向后倒伏的牙齿，内侧绒毛状齿；下颌侧面中央有两排细小、约等大的牙齿，其前端2个圆锥齿，内侧齿细尖，排列稀疏。犁骨和腭骨具绒毛状牙；舌上无牙。鳃耙细扁，两端鳃耙退化为结节状，鳃耙长为眼径的 1/3 ～ 2/5；鳃耙上肢 8 ～ 9，下肢 16 ～ 18，总鳃耙数为 22 ～ 26。前鳃盖骨略有棱角，具 2 ～ 5 个强锯齿，鳃盖上缘锯齿较直，最上端硬棘退化。鳃盖骨后缘具 3 扁棘。鳃盖膜分离，不与峡部相连。体被明显的细小栉鳞，体长大于 300 毫米的鱼有辅鳞；侧线鳞孔数 49 ～ 55；纵列鳞数 92 ～ 109。背鳍鳍棘部与鳍条部相连，无缺刻，具硬棘 XI，鳍条 15 ～ 16，第 3 根与第 4 根鳍棘最长，但短于最长的鳍条，棘间膜有较深的缺刻；臀鳍硬棘 III 枚，鳍条 8；腹鳍腹位，末端延伸不及肛门开口；胸鳍圆形，有 17 ～ 19 根鳍条，中央鳍条长于上下方鳍条，且长于腹鳍，但短于后眼眶长，头长为胸鳍长的 1.6 ～ 1.9 倍；凸形尾。有 12 个幽门盲囊，分为 3 簇。头

青石斑鱼

部及体侧之上半部呈灰褐色，腹部则呈金黄色；体侧具 4 条暗色条纹，尾柄处亦具 1 条，另在头颈部具一可见条纹。头部及体侧散布着小黄点；体侧及奇鳍中部常具灰白色小点。背、臀鳍鳍条部及尾鳍具有明显黄色边缘；偶鳍呈暗黄色。在上颌沟部位有黄色"胡须"状条纹；体侧深色条纹可能会在体形较大的成年鱼中变得模糊或消失。

◆ **生活习性**

青石斑鱼常栖息于沿海各地岛屿岩礁附近。为暖水性中下层鱼类，一般不结成大群。青石斑鱼性凶猛，喜食鱼类和虾类。青石斑鱼为雌雄同体鱼类，同时雌性先熟，生长到一定阶段再性逆转为雄性。在生殖腺

发育中，卵巢部分先发育成熟，为雌性相，青石斑鱼雌性初次性成熟年龄2龄（体长210～240毫米），体长250～400毫米时开始出现性逆转，体长在350毫米时，雄性可占50%，体长在420毫米以上时，几乎全部是雄性。青石斑鱼为多次产卵型，其怀卵量5万～50万，受精卵为圆球形透明无色的分离浮性卵。一般产卵行为发生在夜晚6:00至次日清晨2:00，开始时雄鱼追逐雌鱼，以后二鱼靠近，并排游泳，然后头及前半身跃出水面再排卵、射精，行体外受精。

◆ **养殖概况**

青石斑鱼养殖主要有网箱和池塘养殖两种方式，饲料以小杂鱼为主。青石斑鱼在浙江沿海繁殖产卵期为5月下旬～7月，盛季在7月份，产卵水温21.4～24.5℃，海水比重1.017～1.021。在水温22～25℃，需23～30小时孵出仔鱼。青石斑鱼的受精卵受精25分钟后开始卵裂，历经细胞期、囊胚期、原肠期、神经胚期、胚乳封闭期、视囊期、尾芽期、晶体出现期、心脉跳动期、孵化期而进入仔稚鱼阶段。鱼苗发育过程中的各期特点如下：

前仔鱼期

初孵仔鱼全长1.58～2.18毫米。体透明，体形似椭圆扇形。有一大的长圆形卵黄囊，油球紧贴卵黄囊后端，背鳍褶始于中脑后，背鳍褶和臀鳍褶均相连接。45小时后，仔鱼身体明显延长，原肛已形成，未开口、卵黄囊仍未消失。

后仔鱼期

60小时仔鱼全长2.25～2.48毫米，卵黄囊已消失，两眼和消化管道背面出现黑色素，在尾柄中部可见到一黑色圆斑，消化管变粗，肛门与外界相通，胃收缩，8日龄时仔鱼背鳍第2硬棘（以下简称背棘）和腹鳍的根芽出现，11日龄时可观察到长突状的背棘和腹棘，棘的前后边缘长有许多棘刺。到25日龄时，仔鱼已具有成鱼的背鳍，头部上颌骨和鳃盖骨出现黑色素，30日龄时鼻孔隔成2个，在鼻孔和颌骨之间，头顶和鳃盖上的黑色素细胞发育良好。

稚鱼期

主要表现为头顶和眼眶周围长出细小鳞片，体上色素斑纹逐渐形成，青石斑鱼自残现象开始明显。

幼鱼期

幼鱼期是指青石斑鱼体上鳞片已长齐，形态已完全似成鱼生长阶段。50日龄时全长可达31.7毫米，体重0.68克，当到400日龄时，生长快的幼鱼可达221毫米，体重达174克。

斜带石斑鱼

斜带石斑鱼属动物界硬骨鱼纲鲈形目石斑鱼科石斑鱼属一种。又称红花、红点虎麻、青斑等。

斜带石斑鱼主要分布于红海，最远可南至德班（南非），东至帕劳群岛和斐济群岛，北至琉球群岛（日本），向南又可抵达阿拉弗拉海，向北到澳大利亚。它们也会从苏伊士运河迁移到地中海沿岸的东部地区。

◆ 形态特征

斜带石斑鱼体修长，侧扁而粗壮，头背部斜直，标准体长是体高的

2.9 ～ 3.7 倍；体高是体宽的 1.4 ～ 2.0 倍。体长是头长的 2.3 ～ 2.6 倍；上颌长是吻长的 1.8 ～ 1.9 倍；眶间骨或平坦或有稍微凸起。前鳃盖骨棱角处锯齿明显扩大，在棱角上面正有一片宽大而浅的凹槽；鳃盖上沿是直的或者微微凸起；前后鼻孔几近相等；上颌与眼后边缘处在同一垂直或者稍微倾斜的方向上，其中前上颌宽占体长的 4.2% ～ 5.5%；上颌长是体长的 17% ～ 20%，下颌后侧有 2 ～ 3 排几乎一样大小的牙齿。背鳍有 11 根鳍棘，14 ～ 16 根鳍条，其中第三或者第四根鳍棘是最长的，头长是它的 2.9 ～ 4.0 倍，棘间膜有明显缺刻；臀鳍有 3 根鳍棘，8 根鳍条第三根鳍棘比第二根更长，鳍边缘是弧形的；头长是胸鳍的 1.6 ～ 2.2 倍；胸鳍鳍条 18 ～ 20 根；头长是腹鳍长的 1.9 ～ 2.7 倍；腹鳍腹位，末端延伸不及肛门开口；胸鳍圆形，中央之鳍条长于上下方之鳍条，且长于腹鳍，但短于后眼眶长；尾鳍圆形。体后侧有栉鳞，并伴有一些极小的辅鳞；侧线鳞有 58 ～ 65 个；成鱼前部鳞片的侧线细管多有分支；侧线系 100 ～ 118。有许多幽门盲囊（50 ～ 60）。

　　斜带石斑鱼头和身体背部呈黄棕色，腹侧发白；头、身体及奇鳍上有许多橙棕色或红棕色的小点，随着年龄的增长，这些小点将变得更小、更多、颜色变得更深；身上有 5 条不明显的不规则的倾斜深条纹，这些条纹分叉并一直延伸到了腹侧，其中，第一条深色条纹在前部的背鳍鳍棘的下面，最后一条在尾柄上；在间鳃盖骨上有两个深色点，在间鳃盖骨和上鳃盖骨相接的地方还有 1 ～ 2 个深色点。

◆ 生活习性

　　斜带石斑鱼常栖息于大陆沿岸和大岛屿，但在河口、离岸 100 米深的水域中也可发现。斜带石斑鱼最大体长 120 厘米，最大体重 15 千克，最大年龄 22 年。雌鱼 3 龄以上开始性成熟，而性逆转一般发生于 5 龄以上。斜带石斑鱼亲鱼每月均可产卵，在水温 25 ～ 31℃产卵量最多。精子活力的最适盐度为 27 ～ 35，最适 pH 为 6.5 ～ 8.7，最适温度为 25 ～ 31℃。亲鱼饲料中添加维生素 E 可以改善受精卵的质量和仔鱼质量。平均每尾雌鱼的年产卵量约为 2102.3 万粒。其中，1 月中旬到 7 月下旬是亲鱼的产卵盛期，产卵量约占全年的 89.8%。斜带石斑鱼卵的受精率和孵化率在初夏的产卵盛期可达 80% ～ 90%，其他季节一般在 30% ～ 60%。受精卵孵化的适宜温度是 24 ～ 30℃，最适温度 24 ～ 26℃；适宜盐度 15 ～ 45，最适盐度 20 ～ 30；适宜pH5.5 ～ 8.5，最适 pH6.5 ～ 7.5。仔鱼生存的适宜温度 24 ～ 32℃，最适温度 24 ～ 26℃；适宜盐度为 10 ～ 40，最适盐度为 15 ～ 30；适宜pH 是 5.5 ～ 9.0，而最适 pH 是 7.0 ～ 8.5。

◆ **养殖概况**

斜带石斑鱼是具有经济性的一种食用鱼，已实现规模化人工养殖，是中国南方最重要养殖鱼类之一。由于其肉质鲜美、营养丰富、抗逆性强、生长快、体色艳丽、市场价格稳定，已越来越受到消费者和养殖者的青睐。斜带石斑鱼养殖适温在 16 ～ 31.5℃，最适宜水温在 20 ～ 29℃；适宜盐度在 14 ～ 41，在淡水中可忍受 15 分钟左右。春季放养 5 ～ 15 厘米规格的鱼种，经 5 个月饲养，体重可达 500 ～ 700 克。中国南方高位池养殖亩产可达 5 吨左右。

军曹鱼

军曹鱼属动物界硬骨鱼纲鲈形目军曹鱼科军曹鱼属一种。又称海鲡。

军曹鱼广泛分布于印度洋、太平洋和大西洋南部热带、亚热带海域。在中国，军曹鱼产于南海、东海与黄海。军曹鱼为暖水性底层鱼类。

◆ **形态特征**

军曹鱼体形圆扁，头平扁而宽；口大，前位；吻长约为头长的1/3；眼径为头长的1/7 ～ 1/10；背鳍硬棘短且分离，臀鳍具 2 ～ 3 枚弱棘。幼时尾鳍圆形，成体尾鳍内凹呈半月状。第一背鳍 8 ～ 10 鳍棘、粗短，胸鳍尖、镰状，腹鳍胸位，具 1 棘 5 鳍条。鱼体背面黑褐色，腹部为灰白色，体侧沿背鳍基部有一黑色纵带，自吻端经眼而达尾鳍基部，体两侧各有一条平行黑色纵带，各带之间为灰白色纵带相间。鳍为淡褐色，腹鳍与尾鳍上边缘则为灰白色。

◆ **生活习性**

军曹鱼生活于咸水和咸淡水，对盐度适应性较广。军曹鱼适宜温度10 ～ 35℃，最适生长温度 25 ～ 32℃，10℃以下摄食减少或不摄食。军曹鱼春季在近海集群产卵，幼鱼群体在浅海沙砾中觅食，主要食物是枝角类、小型甲壳类、虾蟹类、虾蛄、小鱼等；成体以虾、蟹和小型鱼类为食物。食性贪婪、饱食不厌，生长极为迅速。自然海区中 1 周年可达 130 厘米，捕获到的最大个体体长 200 厘米，重达 68 千克。

◆ **养殖概况**

人工养殖条件下，刚孵化出的军曹鱼仔稚鱼以枝角类、丰年虫等为食，海水网箱养殖一般投放 6～9 厘米的鱼种，投喂鱼肉绞成的肉糜或碎鱼，1 个月后可喂鱼块，3 个月后可投喂整条小鱼。养殖半年的军曹鱼可达 3～4 千克，1 年可达 6～8 千克，2 年可达 10 千克以上。军曹鱼肉质细嫩、鲜美，为大型食用鱼，生长速度快，经济价值高，是市场上畅销的水产品，已成为中国南方沿海重要的海水网箱养殖对象。东南亚各国，以及中国香港、台湾、海南、广东等地都有广泛养殖。

卵形鲳鲹

卵形鲳鲹属动物界硬骨鱼纲鲈形目鲹科鲳鲹属一种。又称金鲳、黄腊鲳。食用海水鱼之一。是中国南方深水网箱养殖的重要种类之一。

◆ 分布

卵形鲳鲹分布于印度洋、大西洋、澳大利亚、日本及中国的沿海温带及热带海区。

◆ 形态特征

卵形鲳鲹体高而侧扁。体长为体高 1.7～1.9 倍，为头长 3.8 倍。尾柄短细，侧扁。头小，高大于长。头长为吻长 4.4～4.9 倍，为眼径 4.9～5.4 倍。吻钝，前端几呈截形。眼小，前位。口小，微倾斜，口裂始于眼下缘水平线上。鳃条骨 7。鳃耙短，排列稀，（5～6）+10。头部除眼后部有鳞以外均裸露，身体和胸部鳞片多埋于皮下，第

卵形鲳鲹

2 背鳍与臀鳍有 1 低的鳞鞘。侧线前部稍呈波状弯曲，直线部始于第 2 背鳍第 10 鳍条之下方。侧线上无棱鳞，侧线鳞 160 ～ 163 个。第 1 背鳍有 1 向前平卧棘（大鱼时埋于皮下）和 6 鳍棘，棘短而强。第 2 背鳍有 1 鳍棘，19 鳍条，前部呈镰形。臀鳍 1 鳍棘、17 鳍条，前方有 2 短棘，臀鳍基长度与第 2 背鳍略相等。胸鳍较宽，短于头长。尾鳍叉形。脊椎骨 10+14。背部蓝青色，腹部银色，体侧无黑色点，奇鳍边缘浅黑色。

◆ **生活习性**

卵形鲳鲹为暖水性中上层洄游鱼类。2 月份可见卵形鲳鲹幼鱼在河口海湾栖息，群聚性较强，成鱼时向外海深水移动。卵形鲳鲹生活水温 14 ～ 32℃，最适水温 24 ～ 28℃；盐度 5 ～ 32 均可养殖，15 以下生长更快。卵形鲳鲹为肉食性鱼类，抢食凶猛，以小型动物、浮游生物、甲壳类为主要饵料。

◆ **养殖概况**

卵形鲳鲹属海水经济鱼类，肉质鲜美，生长速度快，且具广盐性、广温性特点。养殖效益较高，适合规模化养殖。卵形鲳鲹主要养殖地区在中国海南省、广东省、广西壮族自治区、福建省和台湾地区，东南亚国家和地区也开始养殖。海南省是中国主要卵形鲳鲹苗种生产地。

美国红鱼

美国红鱼属动物界脊索动物门辐鳍鱼纲鲈形目石首鱼科拟石首鱼属一种。又称眼斑拟石首鱼、红拟石首鱼、红鼓鱼、黑斑红鲈、斑点尾鲈等。

美国红鱼原产于西大西洋美国马萨诸塞州到墨西哥北部，包括美国佛罗里达南部。

◆ **形态特征**

美国红鱼呈纺锤形，侧扁，背部略微隆起，以背鳍起点处最高。头中等大小，口裂较大，呈端位。齿细小，紧密排列，较尖锐。眼上侧位，后缘与口裂末端平齐，中等大小，分布于头两侧。侧线明显，背部呈浅黑色，鳞片有银色光泽。腹部中部白色，两侧呈粉红色。尾鳍呈黑色，最显著的特征是尾基部侧线上方有 1 ～ 4 个黑色圆斑。最大个体全长可达 155 厘米，最大体重 45.0 千克。

◆ **生活习性**

美国红鱼喜欢集群，游泳迅速，洄游习性明显，为广温广盐性鱼类，适温为 10 ～ 30℃，最适为 18 ～ 25℃，但有报道可耐 2℃ 的低温。美国红鱼盐度的适应范围很广，淡水、半咸水、海水中均可正常生长发育。在自然水域，美国红鱼主要摄食贝类、头足类、小鱼等；在人工饲养条件下也摄食人工配合饵料。

◆ **养殖概况**

美国红鱼抗病力强、成长快速、存活率高、耐低氧，适合高密度养殖。美国红鱼养殖方式主要有池塘半精养和网箱养殖，从淡水到海水均可养殖。中国台湾地区和

漩门港美国红鱼养殖基地

青岛地区于 1987 年和 1991 年分别引进此鱼，已在中国南方及北方部分

地区大面积养殖。

梭 鱼

梭鱼属动物界辐鳍鱼纲鲻形目鲻科梭属一种。又称红眼鲻、尖头。

◆ **分布**

梭鱼主要分布于北太平洋西部，中国、朝鲜、日本水域较多。梭鱼在中国沿海均广泛分布，以黄渤海为多，未有明显的地理种群划分。

◆ **形态特征**

梭鱼体延长，前部亚圆筒形，后部侧扁。头中等大，背视宽圆。眼较小，脂眼睑不发达，眼旁一圈呈红色。口小，亚腹位，口裂横平，上颌稍长于下颌。背鳍2个，第一背鳍起点距吻端较距尾鳍为近，第二背鳍起点与臀鳍起点相对或稍后于臀鳍起点。背鳍Ⅳ，Ⅰ -8；臀鳍

梭鱼

Ⅲ -9；胸鳍18；腹鳍Ⅰ -5；尾鳍14。尾鳍形状变异大，通常凹形。体被弱栉鳞，头部圆鳞，第二背鳍、臀鳍、腹鳍和尾鳍均被小圆鳞，体侧纵列鳞41 ～ 47，横列鳞12 ～ 14。体背侧呈青灰色，腹面白色，两侧鳞片有黑色的竖纹。

◆ **生活习性**

梭鱼属近岸半洄游性鱼类，随季节、水温的变化做近距离、小范围的迁移运动。12月份到海水深处越冬，翌年开春到近海河口生长育肥，

形成鱼汛。梭鱼主要栖息在海口河川咸淡水交汇处,广温广盐,生存盐度 5 ～ 35,适温 0 ～ 35℃,最适生长温度 18 ～ 28℃,对低氧耐性强。梭鱼属杂食性鱼类,以底栖硅藻和有机碎屑为主,也食一些丝状藻类、桡足类、多毛类、软体类和小型虾类等。梭鱼幼鱼以浮游动物为食,成鱼以硅藻和小型生物为食。梭鱼繁殖季节各地有异,渤海湾为 4 月底～ 6 月初。梭鱼性成熟年龄雄鱼为 2 ～ 3 龄,雌鱼为 3 ～ 4 龄,一般雌鱼怀卵量 100 万粒左右。

◆ 养殖

梭鱼营养丰富,美味可口,蛋白含量高,尤以春天的"开凌梭"名贵。梭鱼主要养殖方式为池塘养殖。

太平洋鳕

太平洋鳕属动物界脊索动物门硬骨鱼纲鳕形目鳕科鳕属一种。

太平洋鳕分布于太平洋北部沿岸海域,从北太平洋西南部的黄海,经韩国至白令海峡和阿留申群岛。在沿太平洋东海岸的阿拉斯加、加拿大至美国的洛杉矶一带,沿海栖息于寒流区域的海底附近及大陆架和大陆斜坡上部水深 10 ～ 550 米的海域均有太平洋鳕分布。在中国,太平洋鳕主要分布在辽宁黄海北部及渤海、黄海、东海北部。

◆ 形态特征

太平洋鳕体延长,稍侧扁,尾部向后渐细小。头大。吻长。眼大,上侧位。口大,端位。上颌突出;下颌具一颏须,两颌及犁骨均有绒毛状齿。舌厚,前端圆形,游离。鳃孔宽大。体被小圆鳞,侧线鳞不显著。

背鳍3个，第一背鳍始于胸鳍基部的后上方，第二背鳍始于肛门后上方，第三背鳍后端不伸达尾鳍基底。臀鳍两个，分别与第二、第三背鳍相对。胸鳍短，镰状。腹鳍始于胸鳍基底前方。尾鳍后缘凹入。各鳍均无硬棘。体背及上侧面灰褐色，有很多的不规则的棕色和黄色斑纹，下侧及腹面灰白色。各鳍淡灰色，背鳍、臀鳍和尾鳍边缘白色。体腔大，腹膜黑色。幽门盲囊小且多。肝大，分为3叶。

◆ **生活习性**

太平洋鳕索饵适温为5～10℃，最适温度为6～8℃；鱼群分布与海水温度有着密切关系。太平洋鳕春季栖息于北方水域的较浅水层，秋季则向南栖息于较深水层，冬季集中在较深海域。太平洋鳕摄食范围极广，幼鱼以端足类、桡足类及小型甲壳类为主；成鱼食物中有方氏云鳚、小黄鱼、长尾类、短尾类、沙蚕，以及箭虫、磷虾等。故太平洋鳕对食物的选择性甚小，主要摄食对象为小型鱼类及无脊椎动物。1～2月鱼群生殖洄游，在近岸处产卵。2龄鱼性成熟。雌鱼一尾可产卵86万～400万粒。沉性卵，球形。

◆ **养殖概况**

太平洋鳕人工育苗在中国已获突破，但由于太平洋鳕为典型的冷水鱼类，养殖需在有地下海水井的工厂化养殖场进行。通过在适宜海区人工放流可进行太平洋鳕的增殖。太平洋鳕全人工养殖包括人工育苗和养殖。育苗的主要技术工艺包括亲鱼选择调控、人工授精、孵化、苗种培育。商品鱼养殖将培育到8厘米以上的大规格苗种转移到有地下海水资源的工厂化养殖场进行商品鱼培育，经18个月左右培育，可达到商品规格；

也可将培育的苗种在适宜的海区进行人工增殖放流。

许氏平鲉

许氏平鲉属动物界脊索动物门硬骨鱼纲鲉形目平鲉科平鲉属一种暖温性近岸底层鱼类。又称黑头、黑寨、黑石鲈、黑老婆。曾称黑鲪。

许氏平鲉广泛分布于中国渤海、黄海和东海近海岩礁地带，朝鲜东西两岸、日本北海道以南及鄂霍次克海南部水域也有分布。

◆ 形态特征

许氏平鲉体延长，侧扁，一般体长90～170毫米。头大，呈长椭圆形，头长为吻长4.1倍，侧扁。吻尖突，吻长与眼径相等。眼大，眼间隔宽约等于眼径，突出，上侧位。眼间隔宽平。眼上缘具眶前棘、眶后棘和蝶耳棘。口大，斜裂，下颌略长于上颌。舌短，尖圆，游离。上下颌、犁骨及腭骨均有绒状牙带。背鳍连续，始于鳃孔上方，鳍棘发达，鳍棘部与鳍条部之间有一缺刻。臀鳍位于背鳍鳍条部的下方，第二鳍棘粗大。背鳍、臀鳍的后端均末伸达尾基，胸鳍发达。腹鳍胸位，始于胸鳍基底下方，后端几与胸鳍后端齐平。尾鳍后缘稍圆凸。鳞中大，栉状；上下颌和鳃盖骨无鳞。体背部灰褐色，腹面灰白色。背侧在头后、背鳍鳍棘部、臀鳍鳍条部及尾柄处各有暗色不规则横纹。体侧有许多不规则小黑斑，颊部有3条暗色斜纹；顶棱前后有2横纹；上颌后部有1黑纹。鳞中等大，栉状；眼上下方、胸鳍基及体腹侧，有小型圆鳞。侧线为直线形。体灰黑褐色，体下灰白色。各鳍灰黑色，胸鳍、尾鳍及背鳍鳍条部常具小黑斑。

◆ **生活习性**

许氏平鲉常栖息于近岸岩礁地带、清水砾石区域及海藻丛生的海区、洞穴中。许氏平鲉不喜光，昼夜摄食。许氏平鲉营半定居性生活，春夏季在沿岸浅海水域生活，秋季移向深海，是以人工鱼礁进行资源增殖和网箱养殖的理想种类。许氏平鲉生长适温 1 ~ 27℃，最适生长温度 4 ~ 25℃，适宜盐度 28 ~ 33.4。许氏平鲉属游泳动物食性鱼类，主要摄食杂鱼和虾，对头足类和贝类的摄食量也较大。许氏平鲉卵胎生，一般 3 龄达性成熟，秋季雄鱼将精液注入雌鱼的卵巢腔内，待卵子发育成熟后精卵在雌鱼体内受精，经过 1 ~ 2 个月怀孕期后，第二年春季产出仔鱼。许氏平鲉繁殖力甚大，一尾体长 450 毫米的待产亲鱼，其怀仔量可高达 31.4 万尾。

◆ **资源概况**

渔业资源调查结果显示，1959 年 5 月至 1982 年 5 月，渤海许氏平鲉资源量上升，至 1982 年达历史最高水平 100.64 吨，此后持续下降，虽在 2004 年资源量有小幅度上升，但此后又处于下降趋势，2010 年其资源量不足 1.22 吨。通过在黄渤海区持续进行许氏平鲉增殖放流，资源量在一定程度上有所恢复，但仍不足历史最高水平的 1%，资源增殖恢复尚有很大空间。因此，开展近海生物栖息地修复、在适宜海区投放人工鱼礁建设海洋牧场，并辅助许氏平鲉的增殖放流，是恢复其种群资源数量的重要途径。

◆ **养殖概况**

许氏平鲉的苗种生产始于日本，中国于 1985 年开展了许氏平鲉人工育苗研究，并在 20 世纪 90 年代初获得成功。其人工育苗多采用在繁殖季节从自然海区选择健康怀仔亲鱼直接用于产仔育苗的方式，即"半人工育苗"，随发育投喂轮虫、卤虫无节幼体和配合饲料。许氏平鲉苗种人工培育过程中，常会发生自残现象。根据自残方式不同，许氏平鲉可归于从头部残食被食者，受口裂大小限制的Ⅱ型自残。自残行为的高发期在稚幼鱼阶段，受个体大小差距过大、饵料投喂不及时、养殖密度不当等多种因素影响，苗种生产过程中要调整合理的养殖密度，及时投喂，及时分池，以防止自残行为高发。

许氏平鲉鱼苗多用于增殖放流，每年放流鱼苗数百万尾，也有部分在海水网箱中进行成鱼培育。许氏平鲉还是中国北方海水网箱养殖和休闲垂钓的重要鱼种。其肉质细嫩、营养丰富，且具有抗病抗寒能力强、生长较快、易于繁育的特性。

条斑星鲽

条斑星鲽属动物界脊索动物门硬骨鱼纲鲽形目鲽亚目鲽科星鲽属一种。又称花边爪、黑条鲽、星鲽、花片。

条斑星鲽主要分布于日本茨城县以北到鄂霍次克海以南海域，在日本三陆湾海与北海道海域可捕到。中国的黄海、渤海和东海亦有少量分布。

◆ **形态特征**

条斑星鲽体形呈长卵形，身体侧扁，左右不对称。口中等大。两眼位于头部右则。鳞很粗糙，后部有数行长栉刺；除吻部及两颌外，头部亦有粗栉鳞；无眼侧吻、两颌、前鳃盖骨、下鳃盖骨、鳃盖骨下半部与间鳃盖骨（中央有鳞）无鳞，且除头部及腹鳍基附近鳞粗糙外，其他鳞大部光滑，鳍仅背、臀鳍中部与尾鳍有栉鳞。背鳍 76 ～ 87，臀鳍 53 ～ 68，侧线鳞 85 ～ 100，侧线弓状弯曲部长为高的 2.2 ～ 2.5 倍，背鳍和臀鳍有 5 ～ 6 个长条状黑斑。体长可达 70 毫米。

◆ **生活习性**

条斑星鲽属杂食、底栖动物食性，主要摄食虾类、蟹类、小型贝类、棘皮动物、头足类动物及小鱼等，人工养殖可投喂小杂鱼与配合饲料。

◆ **养殖概况**

在人工培育情况下，条斑星鲽雄鱼 3 龄性成熟，雌鱼 4 年性成熟。每年 1 ～ 5 月产卵，产卵时间为 22 时至凌晨 4 时。获卵方式主要靠人工挤卵干法授精。受精卵在 8.6 ～ 9℃下，9 天可孵化出仔鱼。在水温 10 ～ 12℃的条件下，孵化后 9 ～ 10 天的仔鱼全长 6.38±0.07 毫米，口和肛门开通，卵黄囊被吸收，仔鱼开始摄食轮虫。仔鱼经 50 ～ 70 天的培育，全长达 20 ～ 30 毫米，便可进行人工养殖。条斑星鲽 40 ～ 50 毫米的苗种放养密度为 300 ～ 500 尾 / 米^2。为促进鱼体的生长，养殖过程中要根据鱼体大小及时分池分养，在溶氧充足的情况下，适宜密度为 6 ～ 8 千克 / 米^2，占池底面积 60% ～ 80%。日投喂量一般为体重的 2% ～ 3%。工厂化养殖是条斑星鲽的主要养殖方式，水深一般在 40 ～ 60 厘米，可直接利用地下海水养殖，也可用地下海水兑自然海水养成，温度应控制在 13 ～ 21℃。2007 年以来，在中国北方地区以工厂化养殖为主。

第 2 章

虾类

斑节对虾

斑节对虾属动物界节肢动物门甲壳亚门软甲纲十足目游泳亚目对虾科对虾属一种。俗称草虾、竹节虾、鬼虾。联合国粮食及农业组织又称大虎虾。

◆ 分布

斑节对虾自然产地分布较广，主要分布于东经30°～15°，北纬35°～南纬35°的印度洋-太平洋广大沿岸海域。中国台湾、海南、广东、广西、福建、浙江南部，以及香港和澳门地区沿海水域均有分布。

◆ 形态特征

斑节对虾呈长筒形，左右侧扁。身体分为头胸部与腹部，由20节组成，即头部5节，胸部8节和腹部7节（包括尾节1节）。除尾节外，各节均有附肢1对。额角上缘7～8齿，下缘2～3齿，以7/3者为多，额角尖端超过第一触角柄的末端，额角侧沟较深，伸至目上刺后方，但额角侧脊较低且钝，额角后脊中央沟明显。有明显的肝脊，无额胃脊。体色由棕绿色、深棕色和浅黄色环状色带相间排列，游泳足呈浅蓝色，步足、腹肢呈桃红色。通常雌性成体长 180 ~ 255 毫米，天然水域斑节对虾雌性成熟生殖群体体长可达 300 ~ 350 毫米，体重 350 ~ 400 克；雄性略小，体长 150 ~ 210 毫米，体重 80 ~ 150 克。

◆ **生活习性**

斑节对虾喜栖于沙泥或泥沙底质，属于温、热带海洋虾类，生存水温为 15 ~ 35℃，最适生长水温为 25 ~ 30℃，水温低于 18℃时停止摄食，水温低于 14℃开始死亡。斑节对虾生存盐度 0.2 ~ 45，最适盐

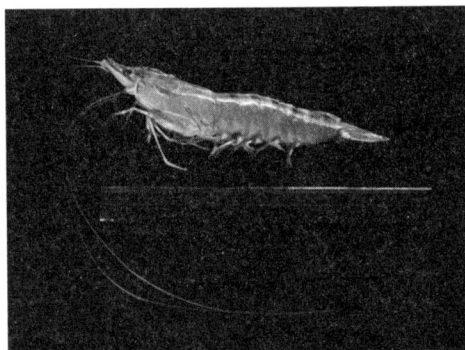

斑节对虾

度 10 ~ 25。斑节对虾为杂食性，可摄食贝类、杂鱼、虾、花生麸、麦麸等。一般白天潜底不动，傍晚食欲最强，开始频繁觅食活动。斑节对虾几乎可以周年产卵，但是主要集中在 9 ~ 12 月，2 ~ 4 月次之。产卵群体怀卵量为 50 万 ~ 211.8 万粒 / 尾。

◆ **养殖概况**

斑节对虾是中国重要渔业资源之一，其养殖产量在对虾养殖中占第 2 位，仅次于凡纳滨对虾。斑节对虾的规模化养殖兴起于 20 世纪 80 年代中后期。中国水产科学研究院南海水产研究所几代科技人员先后在斑节对虾的人工育苗、人工配合饲料研制、全人工饲料养殖、万亩虾塘连片养殖、"利生素"调水养虾技术、全人工繁育技术和良种选育等方面取得一系列技术突破，为斑节对虾产业化发展做出了积极贡献。中国斑

节对虾养殖区主要集中在广东、广西、江苏、福建和海南，浙江—辽宁沿海一带也有部分养殖，养殖模式主要有：鱼塭、土池、高位池、室内工厂化等模式。斑节对虾"南海1号"和"南海2号"新品种成为农业部主推品种。

凡纳滨对虾

凡纳滨对虾属动物界节肢动物门软甲纲十足目对虾科滨对虾属一种。又称南美白对虾、白肢虾、白对虾等。

◆ 分布

凡纳滨对虾原产于美洲太平洋沿岸水域，主要分布在秘鲁北部至墨西哥沿岸，以厄瓜多尔沿岸分布最为集中，是中国乃至世界养殖产量最高的对虾物种。

◆ 形态特征

凡纳滨对虾正常体色为浅青灰色，全身不具斑纹，步足常呈白垩状，故有白肢虾之称。头胸甲前端中部有向前突出的具上下齿的额角（额剑），额角尖端的长度不超出第1触角柄的第2节，额角上下缘具有齿状突起，齿式为5-9/2-4。胸部8对附肢，包括3对颚足及5对步足，颚足基部具鳃，能辅助呼吸，并具有协助摄食作用；步足末端呈钳状或爪状，为摄食及爬行器官。凡纳滨对虾雌雄异体，生殖器官存在明显的雌雄差异。雌性生殖孔位于第3步足基部，交接器位于第4和第5对步足基部之间，具有开放型纳精囊。雄性生殖孔开口于第5步足基部，雄性交接器由第一游泳足内肢变形相连而成，为半管状结构。腹部7节，其中前5节各具1对发达附肢，最末一节特化为尾节，不着生附肢，第6附肢宽大，与腹部第7节的尾节合为尾扇。

◆ **生活习性**

凡纳滨对虾自然栖息区为泥质海底，水深0～72米。成虾多生活在离岸较近的沿岸水域，幼虾则喜欢在饵料丰富的河口区觅食生长。凡纳滨对虾对水温变化有很强的适应能力，人工养殖条件下可适

凡纳滨对虾

应水温为15～40℃，最适水温25～32℃。水温低于18℃时开始停止摄食，长期处于低于15℃水温时出现昏迷，低于9℃时会死亡。凡纳滨对虾是广盐性虾类，适宜盐度为0.2～34，养殖生产中的最适盐度为10～20，经渐进式的淡化处理后可在淡水环境下养殖。适宜pH为7.5～8.5，溶解氧6～8毫克/升为宜。杂食性种，性情温和，有昼伏夜出的习性。

◆ **养殖概况**

凡纳滨对虾最早由中国科学院海洋研究所于1988年从美国夏威夷引入中国，1992年初步突破全人工育苗技术，1994年通过人工育苗获得了小批量的虾苗。随着苗种问题及配套养殖技术的解决，养殖规模逐年扩大，取得了显著的经济效益和社会效益。凡纳滨对虾具有生长速度快、抗病力强、耐高密度、耐低盐等特点，因此在海水、咸淡水以及淡

水中均可以养殖。养殖模式主要包括池塘养殖、高位池养殖、工厂化养殖等。中国是世界上凡纳滨对虾养殖产量最高的国家之一，2021 年海、淡水总量近 200 万吨。

脊尾白虾

脊尾白虾属动物界节肢动物门甲壳动物亚门软甲纲真软甲亚纲十足目长臂虾科白虾属一种。俗称白虾、小白虾、五须虾、青虾、迎春虾等。脊尾白虾是中国重要的小型经济虾类。

◆ 分布

脊尾白虾主要分布于中国东部沿岸沿海及朝鲜半岛西岸浅海低盐水域，以渤海和黄海产量最大。

◆ 形态特征

脊尾白虾体色透明，微带蓝色或红色小斑点；成虾体长 50 ～ 90 毫米；额角侧扁，基部 1/3 具鸡冠状隆起；上缘隆起部分具 6 ～ 9 齿，尖端附近有 1 附加小齿，下缘具 3 ～ 6 齿；头胸甲具较小的触角刺和较大腮甲刺和腮甲沟；腹部第 3 ～ 6 节背面中央具有明显的纵脊。

◆ 生活习性

脊尾白虾为近岸广盐、广温、广布种，一般生活在近岸的浅海海域或近岸河口及半咸淡水域中，经过驯化也能在淡水中生活。脊尾白虾的食性杂而广，蛋白质含量要求低。

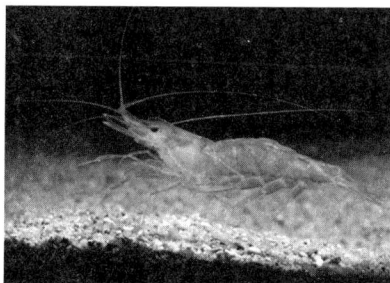

脊尾白虾

脊尾白虾的繁殖能力很强，同一繁殖期内，雌虾可以连续产卵 2 ~ 3 次。

◆ **养殖概况**

脊尾白虾环境适应性强、生长快、肉质好、经济价值高、养殖经济效益可观。据不完全统计，到 2016 年全国脊尾白虾养殖面积约为 60 万亩，该品种养殖产量已占中国东部沿海混养池塘总产量的 1/3。与三疣梭子蟹、青蟹、缢蛏等进行生态混养是脊尾白虾的主要养殖模式。

日本对虾

日本对虾属动物界节肢动物门甲壳动物亚门软甲纲十足目枝鳃亚目对虾科对虾属一种。又称日本囊对虾。俗称花虾、竹节虾、花尾虾、斑节虾、车虾等。日本对虾是重要的养殖经济虾类之一。

日本对虾广泛分布于非洲东岸到西太平洋的广阔海区，在中国主要分布于江苏以南的东海和南海。

◆ **形态特征**

日本对虾是一种大型甲壳动物，成熟雌虾体长 13 ~ 16 厘米，成熟雄虾体长 11 ~ 14 厘米。体表具鲜艳的横斑纹，头胸甲和腹部体节上有棕色和蓝色相间横斑，尾节的末端有较窄的蓝、黄色横斑和红色的边缘毛。

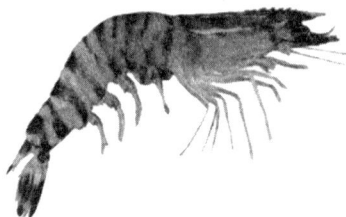

日本对虾

◆ **生活习性**

日本对虾栖息于水深 10 ~ 40 米的海域，喜欢栖息于沙泥底，具有较强的潜沙特性，白天潜伏在深度 3 厘米左右的沙底内少活动，夜间频繁活动并进行索饵。适宜盐度 15～34，对盐度的突变很敏感。属亚热带种类，最适温度 25～30℃，在 8～10℃停止摄食，5℃以下或高于 38℃死亡。在池养中忍受溶氧的临界点是 2 毫克/升（27℃时）。耐干能力强，较易长途运输。适应 pH 为 7.8～8.5。以摄食底栖生物为主，兼食底层浮游生物及游泳动物。春季孵出的虾到当年秋季性腺开始发育，进行交尾，第二年春季即繁殖产卵，产卵适温为 20～23℃。

◆ **养殖概况**

日本对虾野生资源已较少，主要通过人工养殖供应市场。日本对虾养殖方式一般为海水池塘养殖，分为粗养、半精养、精养、车间养殖，以及与鱼类、蟹类、贝类和海参混养等。养殖流程包括池塘选择、池塘处理、进水处理、天然生物饵料繁殖和移殖、虾苗放养、饲料投喂、环境调控、病害防控、日常管理、收获和运输等。

长毛明对虾

长毛明对虾属动物界节肢动物门有颚亚门软甲纲十足目对虾科明对虾属一种。

长毛明对虾主要分布在印度洋—西太平洋的巴基斯坦、印度、泰国、马来西亚、印度尼西亚、菲律宾、越南和中国海域，尤以中国福建、台湾及广东沿海资源较为丰富。

◆ **形态特征**

长毛明对虾个大而壳薄。体呈灰蓝色，额角上缘和尾扇后侧为蓝绿色，头部前端多蓝点，体躯布有棕色斑点，互相镶嵌得十分美丽精致。

◆ **生活习性**

长毛明对虾海捕鱼汛为每年 10 月至翌年 1 月，渔获物体长为 12 ～ 19 厘米、体重 28 ～ 50 克，雌性个体比雄性个体大，大的雌体体重可达 152 克。

◆ **养殖概况**

1960 年初夏，福建省水产研究所率先在漳浦开展长毛明对虾亲虾性腺催熟、产卵孵化、幼体变态等试验，并成功培育出仔虾。但直到 1980 年初才批量培育出 151 万尾仔虾（7 ～ 15 毫米）；1982 年，福建厦门和广西钦州也规模生产虾苗 903 万尾和 101 万尾（9 ～ 12 毫米），之后年产虾苗数亿尾。

长毛明对虾养殖的适应水温为 18 ～ 32℃，较低温度下生长较快，养殖 120 ～ 150 天，体长可达 12 厘米以上。20 世纪 80 年代至 90 年代初，长毛明对虾是粤东、闽南、闽东和浙南主要养殖虾类，效益可观。1992 年，恶性虾病的暴发，使长毛明对虾养殖业惨遭挫折，但其养殖一直未曾中断，还是闽中、闽东和浙南主要养殖虾类之一。

长毛明对虾作为福建的优质土著种，1993 年以来，福建渔业部门每年都在闽江口和九龙江口等水域进行增值放流；2015 年，放流超过 10 亿尾，效果良好。

中国对虾

中国对虾属动物界节肢动物门甲壳动物亚门软甲纲十足目游泳亚目对虾科明对虾属一种。又称东方对虾、明虾、对虾。俗称黄虾（雄虾）、青虾（雌虾）。是中国重要渔业资源之一。中国对虾与凡纳滨对虾、斑节对虾并称为"世界三大名虾"。

◆ **分布**

在中国，中国对虾主要分布于太平洋西北海岸黄渤海海区的山东、河北、辽宁、天津及江苏近海。在朝鲜半岛西海岸和南海岸也有中国对虾分布。中国对虾自然种群包括分布于黄海东岸的朝鲜西海岸种群、分布于渤海和黄海西海岸的中国黄渤海沿岸种群，以及分布于朝鲜半岛的南海群体。

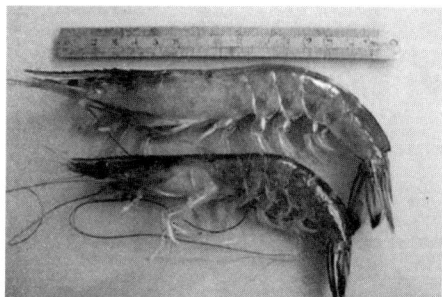

中国对虾

◆ **形态特征**

中国对虾个体较大，体形侧扁。雌虾体长 18 ～ 24 厘米，雄虾体长 13 ～ 17 厘米。甲壳薄、光滑透明。全身由 20 节组成，头部 5 节、胸部 8 节、腹部 7 节。除尾节外，各节均有附肢 1 对，其中有 5 对步足，前 3 对呈钳状，后 2 对呈爪状。头胸甲前缘中央突出形成额角。额角上、下缘均有锯齿。雌虾体呈青蓝色，雄虾体呈棕黄色。雄虾交接器呈喷泉形，雌虾交接器为圆盘状，具有封闭型纳精囊。

◆ **生活习性**

中国对虾为广温、广盐性一年生冷水性大型洄游虾类，是世界上分布纬度最高、唯一进行较长距离洄游的暖温性对虾。中国对虾喜栖在泥沙质海底，平时在海底爬行，有时也在水中游泳，夜间活动频繁。中国对虾幼体以浮游植物为饵，仔虾捕食浮游动物，幼虾和成虾主要食底栖动物，如甲壳类、多毛类、瓣鳃类、腹足类、蛇尾类和海参类等。中国对虾生活史中共进行两次洄游，每年10月左右交尾后，由于水温下降，便开始集群向黄海南部深海区迁移（越冬洄游）。12月到次年1月进入越冬场，而后分散越冬。越冬场的水温一般在8～10℃，最低可达6℃。寒冬过后，浅海水温开始回升，对虾又开始集群自黄海向北迁移。主要虾群约在3月上旬到达山东半岛东南端，中旬向渤海前进，虾群十分密集。4月中旬以后，进入渤海的虾群渐渐分散到各河口和辽东湾，寻找适宜的环境产卵繁殖（生殖洄游）。生殖洄游时，雌虾群在前，雄虾群在后。

◆ **生长繁殖**

中国对虾自产卵、受精、孵化、发育到仔虾，要经过3个不同形状的幼体阶段，即无节幼体、溞状幼体、糠虾幼体，9次蜕壳，然后才发育到仔虾。仔虾还要经过14～22次蜕壳，才能性成熟，繁殖后代。雄虾一般体长155毫米左右，体重30～40克；雌虾一般体长190毫米左右，体重75～85克。

渤海湾群体每年秋末冬初开始越冬洄游，到黄海东南部深海区越冬；翌年春北上形成产卵洄游。在自然海区的产卵水温为13～18℃。4月下旬开始产卵，怀卵量30万～100万粒。中国对虾具有多次（分批）产卵的习性，雌虾一边产卵，一边将纳精囊里的精子排放，在海水中与卵结合，雌虾产卵后大部分死亡。卵孵化后的无节幼体、溞状幼体、糠虾幼体在水中营浮游生活；发育到仔虾后转营底栖生活并向河口、浅水区移动；幼虾随生长会再次渐移向外海深水区，成熟后又移回近岸产卵。

中国对虾野生群体自 9 月份开始越冬洄游，形成秋收鱼汛。

◆ **资源利用**

中国对虾渔业曾经是黄海、渤海渔业生产的支柱产业。1962 年以前，中国对虾渔业生产以春汛为主，年产量波动在 17390 ～ 34061 吨；从 1962 年开始，改为秋汛为主，产量逐年增加，其中 1979 年达历史最高水平，为 42726 吨；1979 年以后，中国对虾资源开始衰退，产量逐年下降；1990 年以来，在渤海已不能形成专捕中国对虾的生产鱼汛，中国对虾只是其他渔业生产的兼捕对象。

自 1984 年开始，中国相继在山东半岛南部沿岸、黄海北部沿岸、渤海沿岸等放流中国对虾，使其种群数量得到有效的补充，每年在增殖放流海域，能够形成中国对虾的鱼汛。

◆ **养殖概况**

中国水产科技工作者于 20 世纪 70 年代末，突破了中国对虾人工育苗技术，解决了人工增、养殖的苗种问题。大规模养殖兴起于 80 年代中期，高位池养殖、温棚养殖、工厂化养殖等多种模式的发展，有效促进了中国对虾的养殖。中国养殖区主要集中在黄渤海沿岸。从 20 世纪末以来，中国对虾"黄海"系列品种成为农业部门主推的品种，每年养殖产量已超过捕捞产量。

第 3 章

蟹类

拟穴青蟹

拟穴青蟹属动物界节肢动物门甲壳纲十足目短尾亚目梭子蟹科青蟹属一种。青蟹属的另外 3 个物种锯缘青蟹、紫螯青蟹和榄绿青蟹在中国也有少量分布。

◆ **形态特征**

拟穴青蟹一般体重 300 ～ 500 克，甲壳宽 12 ～ 15 厘米。头胸甲呈卵圆形，背面圆突，有"H"形图案，表面光滑。体色青绿色，无小突起及白色斑点。头胸甲额缘 4 个齿长度较长，是青蟹属 4 个种中形状最尖锐的。前侧缘具有大小相近的 9 个齿，比光滑的后侧缘长。螯足粗壮，不对称，右大于左，腕节外缘的两个刺通常大小不等，腕节外刺较发达，腕节内刺在多数个体退化为一个圆形突起。掌节靠指节基部两个刺，外侧一个比内侧的小。螯足及步足上的网格状斑纹较少，斑纹颜色也较淡。雄性腹部分为 5 节，第 3 ～ 5 节愈合，呈宽三角形；雌性腹部分 7 节，呈宽卵形，具或不具网格状图案。

◆ **生活习性**

拟穴青蟹为滩栖游泳蟹类。生活在潮间带泥滩或泥沙质的滩涂上，喜停留在滩涂水洼及岩石缝等处。拟穴青蟹属于广温广盐海产蟹类，其生存水温 7 ～ 37℃，生存盐度 2.6‰～ 35‰。青蟹白天多穴居，夜间四处觅食。食性很杂，食物组成以软体动物和小型甲壳动物为主。一般一年达性成熟。雌蟹的产卵量约为 200 万粒。幼体发育共分溞状幼体和大眼幼体两个阶段。青蟹脱壳是其生长的标志。刚脱壳的蟹体呈柔软状态称软壳蟹，雌蟹最后一次脱壳称生殖脱壳，与交配生殖密切相关。

拟穴青蟹个体大、生长快、适应性强、肉味鲜美，是中国东南沿海青蟹属的优势种和主要养殖蟹类。

三疣梭子蟹

三疣梭子蟹属动物界节肢动物门甲壳动物亚门软甲纲真软甲亚纲十足目腹胚亚目短尾次目梭子蟹总科梭子蟹科梭子蟹属一种。又称梭子蟹、白蟹、枪蟹、蓝蟹（中国北方）、蟹（中国南方）。

◆ **分布**

三疣梭子蟹分布于日本、朝鲜、菲律宾、马来群岛、红海及中国的渤海、黄海、东海和南海。东海三疣梭子蟹主要分布在大沙渔场、长江口渔场和舟山渔场 20 ～ 50 米水深海域。

◆ **形态特征**

三疣梭子蟹全身分为头胸部和腹部，因头胸甲梭形且胃、心区背面具 3 个明显疣突而得名。身体表面稍隆起，覆盖有细小颗粒。额缘具 4

个小齿，前侧缘具 9 锐齿，末齿长刺状。头部附肢含触角 2 对，大颚 1 对，小颚 2 对。胸部附肢包括 3 对颚足，1 对螯足和 4 对步足。腹部位于头胸甲腹面后方，蟹脐覆盖在腹甲中央沟表面，雄性尖脐，雌性团脐。腹部分 7 节，雄性附肢退化，仅存第 1、第 2 跗节，附肢分别特化为交接刺和雄附肢。雌蟹腹部附肢 4 对，位于第 2 至第 5 节腹面两侧，形状相同。甲长 60 ～ 95 毫米，雌蟹个体大于雄蟹，是体重 100 ～ 400 克的大型蟹类。

◆ 生活习性

三疣梭子蟹寿命为 1 ～ 3 年。成体三疣梭子蟹耐温度 8 ～ 31℃，水温低于 10℃ 或高于 32℃ 停止生长，14℃ 以下生长缓慢，15 ～ 26℃ 生长较快；耐盐度 13 ～ 38，适盐度 25 ～ 35，盐度低于 8 或高于

三疣梭子蟹

38，停止摄食。三疣梭子蟹昼伏夜出并具明显趋光性。杂食性动物，幼蟹偏杂食性，个体愈大愈倾向肉食性，喜摄食贝类、鲜杂鱼、小杂虾，傍晚或夜间摄食量大。摄食强度以幼蟹生长育肥阶段最高。

◆ 洄游

三疣梭子蟹具生殖洄游和越冬洄游习性。三疣梭子蟹常生活在 3 ～ 5 米深的浅海，越冬时迁移至 10 ～ 30 米深底层水温 12℃ 以上的海底泥沙里，春季随着水温回升，性成熟个体自南向北，从越冬海区向近岸浅海、河口、港湾做产卵洄游。3 ～ 4 月在福建沿岸海区 10 ～ 20 米水

深海域，4～5月在浙江中南部沿岸海域，5～6月在舟山、长江口30米以内浅海水域形成梭子蟹的产卵场和产卵期。3～4月在福建沿岸海区10～20米水深海域，4～5月在浙江中南部沿岸海域，5～6月在舟山、长江口30米以内浅海水域形成梭子蟹的产卵场和产卵期。产卵场底质以泥质和泥沙为主，水色混浊，透明度较低，底层水温一般在14～21.3℃，盐度15.8～30.1。产卵后的群体，分布在沿海索饵。6～8月孵出的幼蟹分布在沿岸浅海区育肥、成长，秋季个体逐渐长大并向深水海区移动。8～9月近海水温继续上升，外海高盐水向北推进，产卵后的索饵群体和当年成长的群体一起，北移至长江口渔场、吕泗渔场、大沙渔场，中心渔场底层水温20～25℃，盐度30～33。10月份以后，随着北方冷空气南下，沿岸水温逐渐下降，索饵群体自北向南，自浅水区向深水区做越冬洄游。蜕壳时，常躲藏于岩石下或海草间，至新壳变硬再出来活动。

◆ **生长和繁殖**

三疣梭子蟹幼体发育经历溞状幼体和大眼幼体阶段。当水温为22～25℃时，溞状幼体经10～12天且蜕皮4次变态为大眼幼体；5～6天后，再蜕皮1次变态为第Ⅰ期仔蟹。第Ⅰ期仔蟹发育至性成熟约需3个月。每蜕壳1次身体就长大一些，属非连续生长特点。从幼蟹长至甲宽110～130毫米，约经过13次蜕壳。秋季交配后，雌蟹不再蜕壳，至第2年春、夏产卵后，再蜕壳生长。三疣梭子蟹雌雄异体，交配时雄蟹将精荚输入雌蟹纳精囊中。其繁殖季节随地区及个体年龄而有不同，在渤海，7～8月为越冬蟹交配盛期，9～10月为当年蟹交配盛期，产卵期为 4 月下旬～7 月上旬，在 4 月底 5 月初出现产卵高峰；在浙江，交配期为 7～11 月，交配盛期为 9～10 月，产卵期在 4～7 月，产卵盛期在 4 月下旬～6 月底。多次排卵型蟹类，1 个繁殖周期可排卵 1～3 次。抱卵量与个体大小有关，抱卵量从上万粒到上百万粒不等，平均 98 万粒，一般与体重呈线性关系。

◆ 养殖概况

三疣梭子蟹自 20 世纪 90 年代开始人工养殖。经过多年发展，三疣梭子蟹养殖业从最开始的沙池暂养发展到了以围塘养殖为主，沙池暂养、浅海笼养、低坝高网、浅海沉箱、深海网箱和"蟹公寓"养殖等多种形式并存的养殖格局。人工选育品种有三疣梭子蟹"黄选 1 号"等。

◆ 资源利用状况

三疣梭子蟹是传统的海洋捕捞对象之一，也是中国出口创汇的重要水产品种，利用历史悠久。20 世纪 80 年代以前，资源丰富，产况较好，主要捕捞作业为流刺网级大围缯、底拖网等；80 年代后期开始，由于过度捕捞，东海中南部海区三疣梭子蟹资源出现衰退；90 年代以后，随着蟹笼、流网作业的迅速发展，捕捞强度不断增强，东海北部的梭子蟹资源也逐渐遭到破坏，资源年间波动明显，21 世纪以来资源量约为 1.44 万吨。

◆ 资源养护及管理

针对三疣梭子蟹资源过度利用的现状，可从以下 4 个方面养护与管理资源：①降低捕捞强度。②贯彻春保、夏养、秋冬捕的方针。即春季要保护抱卵亲蟹，夏季要保护幼蟹，秋冬进行捕捞。③加强三疣梭子蟹苗种繁育技术的推广，减少自然海区三疣梭子蟹苗种的利用。④增殖放流，提高三疣梭子蟹的资源量。

中华虎头蟹

中华虎头蟹属动物界节肢动物门甲壳纲十足目虎头蟹科虎头蟹属一种蟹类。别称虎头蟹、馒头蟹。

中华虎头蟹广泛分布于中国东南沿海、长江口、山东半岛、渤海湾，以及辽东半岛等海域。朝鲜半岛和菲律宾也有分布。

◆ 形态特征

中华虎头蟹额部窄，具有 3 个锐利齿状突起，中间较大，前侧缘具有两个疣状突起及一壮刺，后侧缘具有两壮刺，后缘圆钝。螯足不对称，左大右小，第四对步足呈桨状，指节扁平卵圆形。腹部雄性短小呈三角形，雌性卵圆形。

◆ 生活习性

中华虎头蟹为近海温水性大型经济海产蟹类，栖息于浅海泥沙底。中华虎头蟹活动有昼夜规律性，常昼伏夜出，多在夜间觅食，并且有明显的趋光性。中华虎头蟹游泳足行游泳功能，运动时用前 3 对步足左右爬行，偶尔前后爬行，休息时用末对步足掘沙，将自己埋藏起来。中华虎头蟹性格凶猛，好争斗，幼蟹有明显残食现象。中华虎头蟹摄食与水温也有密切联系。当水温为 15 ～ 27℃时，摄食正常，24℃左右摄食强度最大，水温低于 12℃，随着活动的减少摄食量也开始减少，水温低于 8℃，虎头蟹停止活动，不摄食，进入假死状态。

◆ **养殖概况**

人工养殖中华虎头蟹时，投饵要注意均匀分散，以免争饵造成相残。中华虎头蟹要求栖息水环境水质清洁，对温度、盐度的适应范围较广。适应水温 9～35℃，生长适宜温度 15～30℃，人工育苗的最适温度为 24℃左右；盐度 3～40，适宜盐度为 5～30，人工育苗的最适盐度为 27 左右。最低耐受温度 8℃，最高耐受温度 37℃；最低耐受盐度 2，最高耐受盐度 45，在此区间外的温度和盐度范围其摄食、活动受到影响，严重可导致死亡。其他水质指标，一般溶解氧大于 5 毫升 / 升，pH 在 7.5～8.6，透明度在 30～40 厘米。

第 4 章

贝类

彩虹明樱蛤

彩虹明樱蛤属动物界软体动物门瓣鳃纲异齿亚纲帘蛤目樱蛤科明樱蛤属一种。俗称黄蛤、梅蛤、海瓜子、扁蛤、瓜子蚶等。

彩虹明樱蛤在日本、朝鲜、菲律宾、泰国等地分布普遍。在中国，彩虹明樱蛤广泛分布于南北沿海，尤以浙江沿海产量最大。

◆ **形态特征**

彩虹明樱蛤壳小，壳质薄，近长椭圆形。壳长 2 厘米左右。两侧不等，前、后端稍开口。壳顶稍靠后方。壳表白色而略带粉红色，生长纹细密，规则，无放射肋。雌雄异体。

◆ **生活习性**

彩虹明樱蛤生活在低潮带至潮下带 20 米的浅水水域，埋栖于细沙或泥质沙中。栖息深度与年龄、气候等因子有关。生存温度为 −2 ～ 35℃，适宜盐度为 6.49 ～ 32.74，pH4.07 ～ 9.13。海水中受精，属于一次成熟、分批排放的类型；生物学最小型壳长为 10 毫米。繁殖期内雌雄性比 1.1 ： 0.9。

◆ 养殖

在繁殖季节（7～9月），挑选个体饱满、活力好、体色鲜亮、壳长约2厘米的2龄贝作为繁殖用亲贝。室外土池或室内水泥池进行亲贝蓄养，每天全换水1次，及时去除死亡个体，并清理底质。投喂单细胞藻类或人工代用饵料，均可使亲贝育肥。亲贝精、卵排放在大潮汛期间，结合阴干、氨海水浸泡刺激，可获得较好效果。一般雄性个体先排放。卵裂速度与水温有明显关系，水温28℃，经23小时可孵化出膜。出膜的幼虫（面盘幼虫）营浮游生活，幼虫期适宜海水比重1.020～1.030，pH为6.00～9.11，且以pH为7.98最适宜。出膜后第3天开始投喂饵料，出膜后4～5天，逐渐出现壳顶（称壳顶幼虫），加大换水量，降低幼虫的培养密度，饵料以扁藻为佳。壳顶幼虫经8～12天，出现眼点，此时幼虫大小为194.4微米×168.3微米（长×高），采用软泥作附苗基。

彩虹明樱蛤的养殖方式有两种类型：平涂养殖和围塘蓄水养殖。彩虹明樱蛤平涂养殖宜选择风浪较小、潮流畅通、涂质细软、底栖硅藻丰盛、盐度为7～32的滩涂，放养前拾去石块杂物，整平滩面，清除敌害生物。放养时间一般在3～5月或10～12月，放养密度200～500粒/米^2，规格为6000粒/千克为宜。

彩虹明樱蛤围塘蓄水养殖选择高潮带滩涂围堤坝，坝高50～80厘米，蓄水30～50厘米，面积一般0.5～1.0亩，放养前，整平滩面，清除敌害生物，培育饵料生物，放养面积为塘的1/4～1/3，规格为6000粒/千克苗种放养密度为300～700粒/米^2。养成期间注意防除生物敌害。

彩虹明樱蛤收获时间一般从 5 月份开始直至 9 月份结束，各地作业习惯和滩涂底质不同可分为网刮、人工挖拣等方法。

彩虹明樱蛤的肉质细嫩，肉味鲜美，是沿海群众赶海的主要种类。

大砗磲

大砗磲属动物界软体动物门双壳纲帘蛤目砗磲科砗磲属一种。

大砗磲分布于印度－西太平洋热带珊瑚礁中，从塞舌尔到新喀里多尼亚都有分布。在中国，大砗磲分布于南海诸岛海域。

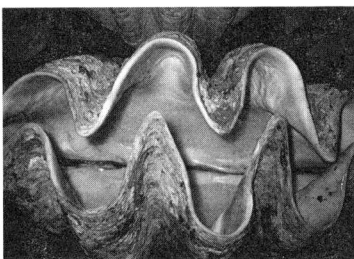

大砗磲贝

◆ **形态特征**

大砗磲是双壳贝类中个体最大者，最大记录壳长 140 厘米，体重 230 千克。壳质厚重，略呈三角形，壳顶位于近中央处，有 4 ～ 6 条粗壮放射肋，足丝孔小。外韧带狭长，为棕褐色，几乎与贝壳后端等长。贝壳表面灰白色；贝壳内面瓷白色，有光泽。大砗磲雌雄同体。

◆ **生活习性**

大砗磲栖息生活于热带珊瑚礁浅海区，是高盐度狭盐性贝类，分布于低潮线附近的珊瑚礁间。幼贝阶段背部足丝孔伸出强有力的足丝，借以足丝附着于珊瑚礁或沙质海底。成体足丝

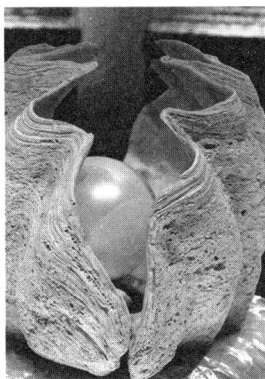

**大连贝壳馆内展出的
大砗磲贝**

消失，虽不再附着生活，但仍然保持腹缘朝上、壳顶朝下状态。两壳张开，外套膜外露，色彩鲜艳。营养来源，一是靠鳃纤毛运动滤食水体中单细胞藻类；二是外套膜边缘中共生虫黄藻大量繁殖，为贝体提供营养。

◆ **养殖概况**

澳大利亚、帕劳、泰国等国家，已采用人工繁育的苗种进行大砗磲增养殖试验。大砗磲养殖 12 个月壳长达 6 厘米，27 个月壳长 18 厘米，36 个月壳长达 23 ～ 25 厘米。

◆ **生态功能**

大砗磲栖息于珊瑚礁盘中，属于热带海区造礁生物，是礁盘形成与扩增的建设者。最大贝龄达百年以上，贝体在漫长年月生长过程中，吸收水体中大量二氧化碳转化为碳酸钙和有机物，具有很好的固碳作用。大砗磲分布与生长对海洋生态环境有很好的修复作用。

大珠母贝

大珠母贝属动物界软体动物门双壳纲珍珠贝目珍珠贝科珠母贝属一种。又称银唇贝、金唇贝和白蝶贝（日本）等。为热带和亚热带栖息物种。

大珠母贝自然分布于澳大利亚沿岸及西太平洋沿岸的东南亚国家附近。在中国，大珠母贝主要分布于海南沿海、雷州半岛、西沙群岛和南沙群岛。

◆ **形态特征**

大珠母贝壳大而厚重，略呈圆形，大型个体可达 30 厘米。背缘平直，壳顶近前端，左壳比右壳稍膨大，前耳小，后耳不明显。壳面一般呈黄褐色，具有覆瓦状排列的鳞片。壳内面珍珠层厚，银白色，边缘部呈黄褐色。铰合部无齿，韧带面宽。闭壳肌痕宽大。大珠母贝雌雄异体。

◆ **生活习性**

大珠母贝常栖息于海流通畅的潮下带5～100米的沙或石砾质海底。幼贝时期以发达的足丝营附着生活，当贝体长达20厘米左右时，足丝逐渐退化，最后消失。适宜水温18～35℃，最适水温25～30℃，长期低于13℃不利于生长，高于40℃也会使大珠母贝昏迷。大珠母贝最适水域海水质量密度为1.022～1.025。大珠母贝为滤食性贝类，主要摄食各种硅藻和其他单胞藻类，也有桡足类及其幼虫、纤毛虫类、贝类和其他无脊椎动物的幼虫，

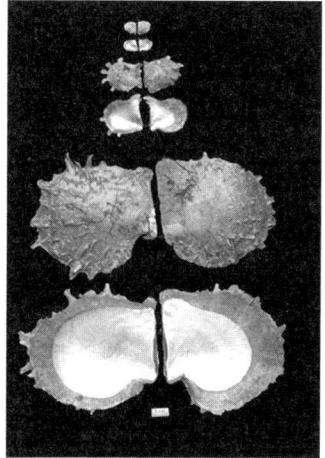

人工培育大珠母贝标本

以及各种原生动物等；此外，还有大量的有机碎屑和钙质骨针等。

◆ **养殖概况**

大珠母贝的人工养殖包括人工育苗、母贝养成和植核育珠。20世纪70年代，中国大珠母贝人工育苗获得成功，但母贝养成技术还不过关，成活率极低，已基本掌握大型游离珠插核育珠技术，但整个产业还不具规模。澳大利亚是大珠母贝养殖和珍珠生产的主要国家。

◆ **经济价值**

大珠母贝能生产大型优质的海水珍珠，同时其贝壳还可以制成珍珠层粉用在医药或化妆品中；大珠母贝肉富有营养，可食用。

大竹蛏

大竹蛏属动物界软体动物门双壳纲帘蛤目竹蛏科竹蛏属一种。

大竹蛏分布于中国、朝鲜半岛、日本、菲律宾，以及帝汶岛沿海。

◆ 形态特征

大竹蛏两壳抱合呈竹筒状，两端开口，壳质薄脆。大竹蛏壳长为壳高的 4～5 倍。壳顶位于壳的最前端，壳前缘截形，后端圆。壳背腹缘互相平行。壳表面凸出，并被有一层发亮的黄褐色外皮，有时有淡红色的彩色带。表面平滑无放射肋，生长线明显。大竹蛏铰合部小，两壳各具主齿 1 枚。贝壳内面白色或稍带紫色。前闭壳肌痕长形，后闭壳肌痕三角形。

◆ 生活习性

大竹蛏为多年生的贝类，雌雄异体。大竹蛏埋栖于潮间带中、下区泥沙质滩涂和 20 米以内浅海泥沙底。成体大竹蛏生存温度 0～30℃，适宜盐度 10～35；稚贝对盐度的要求相对较高，其适宜盐度为 20～32。大竹蛏对底质粒径大小无明显选择性，但泥沙层厚度不足对其正常生长有影响。大竹蛏为滤食性动物，主要摄食近岸的底栖性硅藻和有机碎屑。大竹蛏营穴居生活，斧足挖掘能力较强。斧足是大竹蛏的运动工具，借助斧足伸缩可使大竹蛏在洞穴内上下移动；同时，还可利用斧足肌肉的急剧伸缩作短距离射状游动。在游动过程中，一般从水管吸入大量海水，由外套膜斧足开口处喷出水流形成推进力，斧足在此充当舵的作用掌控方向。大竹蛏的水管伸张时长度可大于外壳。水管在受外界刺激下极易自切，并可再生。

◆ **养殖概况**

大竹蛏一般 2～3 龄达性成熟，繁殖盛期在每年的 4 月至 6 月。在适宜的培育条件下，大竹蛏受精卵在水温 22～24℃条件下，22 小时左右孵化出 D 形幼虫。受精后 7～9 天发育至稚贝。以粒径 400～500 毫米细沙作为附着基，经 50 天培育可达体长 10 毫米左右的苗种。养殖两年的大竹蛏体长可达 8 厘米左右，个别大者可达 22 厘米以上。养殖过程中，底质厚度不够，往往会使得苗种外壳弯曲畸形。夏季高温及养殖滩面上浒苔暴发是导致养殖大竹蛏死亡的主要原因。

菲律宾蛤仔

菲律宾蛤属动物界软体动物门双壳纲帘蛤目帘蛤科蛤仔属一种。

菲律宾蛤原产于亚洲太平洋和印度洋沿岸，北起鄂霍次克海、萨哈林岛（库页岛），南到印度、印度尼西亚。20 世纪 30 年代，被偶然从日本引到北美西海岸，70～80 年代初又陆续被引到法国、西班牙、英国、意大利、澳大利亚等地。中国北起辽宁、河北，南至广东、香港等地均有菲律宾蛤分布。

◆ **形态特征**

菲律宾蛤仔贝壳卵圆形，左、右两壳大小、厚薄相等。壳顶稍突出，前端尖细，略向前弯曲，位于背缘靠前方。壳面放射肋 43～130 条。外套痕明显，外套窦深。水管长，基部愈合，前端小部分分离，入水管的口缘触手不分叉。雌雄异体。

◆ 生活习性

菲律宾蛤仔营底栖生活，喜欢栖息在风浪较小、水流畅通并有淡水注入的中低潮区的泥沙滩或沙泥滩。蛤仔穴居深度随季节和个体大小而异，在潮间带的幼苗潜入深度一般为 3～7 厘米，成蛤下潜深度可达 15 厘米左右。蛤仔为广温、广盐性种类。对温度的适应能力很强，适应为 5～35℃，最适温度 18～30℃。蛤仔适温上限为 43℃，当水温降到 -2～3℃时，经 3 周死亡率达 10%。对海水密度的适应范围为 1.008～1.027（对应盐度为 10～35），最适范围 1.015～1.20（对应盐度为 19～26）。菲律宾蛤以浮游植物、有机碎屑为食，为海洋"食草动物"。

◆ 养殖概况

菲律宾蛤仔已成为世界性养殖贝类，宜养面积大，在池塘、滩涂、浅海均可养殖。菲律宾蛤仔是中国四大养殖贝类之一，也是中国单种产量最高的养殖贝类。中国菲律宾蛤仔生产历史悠久，20 世纪 70 年代随着土池苗种繁育技术的突破而逐渐兴起，随后得到迅速发展。在中国，北方地区室内全人工育苗分常温和控温（升温）两种。为缩短养殖周期，可在春季控温条件下人工促熟，进行提早繁育，经中间培育和海上养殖，至翌年 11 月开始收获商品蛤仔；南方地区以土池人工育苗为主，一般白苗在 4～5 月，中苗 12 月播种。白苗经 1～1.5 年，中苗经 0.5～1 年养殖便可收获。由于菲律宾蛤仔对藻类和有机腐屑的滤食作用，蛤仔养殖在减轻近海富营养化、生物固碳、降低赤潮发生的频率和危害，以及改良海区底质和环境修复等方面都发挥重要作用，属于环境友好型养殖。

翡翠贻贝

翡翠贻贝属动物界软体动物门瓣鳃纲异柱目贻贝科贻贝属一种。俗称青口贝、淡菜、绿壳菜蛤等。

翡翠贻贝原产于菲律宾以南的热带海域，在印尼、马来西亚、泰国、越南、新加坡海岸线周边的潮间带至浅海一带岩礁处均有分布。在中国，翡翠贻贝广泛分布于东海南部及南海，福建、广东、海南、香港、台湾等地较常见。

◆ 形态特征

翡翠贻贝贝壳较大，长度约为高度的 2 倍，壳顶喙状，位于贝壳的最前端。腹缘直或略向内凹。壳顶前端具有隆起肋。壳表翠绿色，尤以边缘最明显，壳前半部常呈绿褐色。生长纹细密，贝壳内面瓷白色有金属光泽。铰合齿左壳 2 个，右壳 1 个。后闭壳肌痕大，位于壳后端背缘。足丝淡黄色，较细软。

◆ 生活习性

翡翠贻贝是热带、亚热带的暖水性种类，垂直分布于低潮线下 1.5 米至 8 米水深处。附着生活方式，常生活在潮间带至浅海底，在浮木、船底等处也有发现。翡翠贻贝耐高温而不适低温，耐温范围为 10～35℃，适温为 20～30℃，水温低于 9℃或者高出 32℃，表现不适。翡翠贻贝耐盐性较广，海水盐度在 12～30 内都能生活。翡翠贻贝利用鳃滤食浮游藻类等。

◆ 养殖概况

翡翠贻贝具有个体大，生长快，经济价值高等优点。中国翡翠贻贝养殖历史较短，过去仅限于自然采捕，产量较低。21世纪以来，在广东和福建两省翡翠贻贝人工育苗和养殖发展迅速。翡翠贻贝主要收获季节为7～11月，其他季节也有零星采收。翡翠贻贝是新西兰重要的海洋经济贝类，年产量超过14万吨，以其出众的品质，畅销全球70余个国家和地区。

◆ 生态功能

翡翠贻贝为国际贻贝监测计划的监测贝类之一，该计划是在全球范围内开展的区域性海洋环境质量监测计划。可通过监测翡翠贻贝，揭示海洋环境的污染现状和变化趋势，评估人类活动对近岸海洋环境质量所造成的影响。

厚壳贻贝

厚壳贻贝属动物界软体动物门瓣鳃纲异柱目贻贝科贻贝属一种。俗称淡菜、海红、壳菜等。是中国浙闽沿海地区较常见的经济贝类。

厚壳贻贝主要分布于中国、韩国、日本和朝鲜等国。在中国，厚壳贻贝广泛分布于黄海、渤海、东海和台湾等地区。

◆ 形态特征

厚壳贻贝贝壳大，长度为高度的2倍，为宽度的3倍左右。壳呈长楔形，壳质厚，生长纹明显。壳顶位于壳的最前端，稍向腹面弯曲，常磨损呈白色。两壳的腹面较平直。壳皮厚，黑褐色，边缘向内卷曲成一镶边。壳内面淡紫褐色或灰白色，具珍珠光泽。壳顶具 2 个小主齿。前闭壳肌痕明显，位于壳顶后方。足丝呈黄色且粗硬。

◆ 生活习性

厚壳贻贝属温水性双壳贝类，喜水清、浪大流急的环境，主要生长在外海或离岸的岛礁上，耐高盐，适宜盐度 24 ~ 35。在自然海区，群栖密度可达每平方米 1000 个以上。厚壳贻贝垂直分布最深可达低潮线以下至水深 20 ~ 30 米处，以水深 5 ~ 10 米处为主。适宜生长温度为 4 ~ 32℃，最适温度为 15 ~ 27℃。厚壳贻贝用足丝附着在礁石或其他个体上群体生活，利用鳃滤食海水中的微小生物（单胞藻、原生动物、担轮幼虫等）及有机碎屑等。厚壳贻贝在自然海区每年 2 ~ 4 月繁殖，浮游幼虫经 30 天左右附着变态为稚贝，开始分泌足丝。壳长 3 毫米以上壳色渐深似成贝。

◆ 养殖概况

厚壳贻贝生长快、繁殖力强、适应性强，易于人工繁殖。在浙江厚壳贻贝的养殖周期一般为两年以上，生长速度以 2 ~ 4 龄最快，海区养殖亩产可达 10 吨左右。北起辽宁南至福建的沿海地区均适合养殖。浙江嵊泗县是中国厚壳贻贝的养殖主产区，被誉为"贻贝之乡"，养殖面积达 1000 公顷，全县厚壳贻贝年产量超过 10 万吨。过去厚壳贻贝养殖依赖采捕野生苗种，2012 年以后宁波大学等单位突破了厚壳贻贝规模化人工育苗技术，已可以完全满足各地养殖苗种需求。

◆ **生态功能**

厚壳贻贝不仅在减轻近海的富营养化、生物固碳等方面具有重要的作用，其养殖活动还能显著提高周围海域环境微生物多样性，对改善海洋生态环境有积极意义。

紫贻贝

紫贻贝属动物界软体动物门瓣鳃纲异柱目贻贝科贻贝属一种。俗称贻贝、海红、紫壳菜蛤（台湾）。其肉干制品称淡菜。

紫贻贝广泛分布于南北半球沿海。在中国，紫贻贝主要自然分布于黄海、渤海，在辽宁、山东、浙江、福建、台湾等沿海地区都可生长。

◆ **形态特征**

紫贻贝壳呈楔形，壳长不及壳高的 2 倍。壳长多在 60 ～ 80 毫米。壳质较轻薄。壳顶尖近壳最前端，后缘圆而高。壳背缘成弧形，腹缘直。壳表光滑，生长纹细而明显。壳皮黑褐或紫褐色，具光泽。

紫贻贝

壳前腹缘色常较浅，多呈黄褐色。铰合部较长，铰合齿一般 2 ～ 5 枚，不发达。壳内面灰白色，边缘部为淡蓝色，有珍珠光泽。前闭壳肌痕较小，后闭壳肌痕较大。足丝淡褐色，较细软。

◆ **生活习性**

紫贻贝为寒温带、广盐性种类，生活在浅海区。紫贻贝以足丝附着于岩礁或硬底质上。垂直分布于低潮线到水深 10 米处，水深 2 米附近分布较多。生长适温为 5 ～ 23℃，对低温适应能力强，最适温度为 10 ～ 20℃。适宜盐度为 10 ～ 32，较适宜盐度为 17 ～ 24。紫贻贝对水质要求不高，耐污能力强。耐干露能力极强，夏天耐干露 1 ～ 2 天，冬天耐干露 4 ～ 5 天。紫贻贝食物主要是浮游硅藻、甲藻和有机碎屑。

◆ **养殖概况**

紫贻贝是一种世界性养殖种类，也是中国贝类出口的主要种类之一。20 世纪 70 年代，紫贻贝在中国北方试养成功，并逐步南移推广养殖，成为中国大宗水产养殖种类。以辽宁、山东、江苏、浙江、福建等省的养殖规模较大。2020 年，中国贻贝养殖面积超 4 万公顷，其中山东养殖面积为 2.8 万公顷，产量 38 万吨，位居第一。紫贻贝繁殖能力强，在辽宁紫贻贝繁殖季节为 5 ～ 6 月，在山东为 4 ～ 5 月和 9 ～ 10 月，春季产卵量较大。虽然紫贻贝人工育苗技术已掌握，但由于北方自然苗种价格低廉，养殖用苗主要是从北方采自然苗来解决。养殖方式多以浮筏式吊养为主。

企鹅珍珠贝

企鹅珍珠贝属动物界软体动物门双壳纲珍珠贝目珍珠贝科珍珠贝属一种。

企鹅珍珠贝自然分布于日本本州以南至琉球群岛、马达加斯加、印度尼西亚、澳大利亚，以及中国台湾西南、广东、海南、广西等沿海海域。

◆ **形态特征**

企鹅珍珠贝的贝壳大，一般壳高120毫米，壳形斜，壳顶偏向前方。前耳小，后耳长，铰合部直，有齿，右壳较凸。壳表呈黑色，鳞片极细密。贝壳内面珍珠层略显美丽的黑色珍珠光泽。闭壳肌痕大，略呈圆形，位于体中部。足丝发达，呈细丝状。雌雄异体。

◆ **生活习性**

企鹅珍珠贝是一种暖水性较强的珍珠贝，对海水温度要求较高，适宜的温度范围为20～30℃，一般水温低于10℃时，就会引起死亡。对盐度适应性较差，适宜的盐度为25.5～33.3。企鹅珍珠贝在潮下带较深一些的水域营附着生活，以发达的足丝附着在岩石、珊瑚礁或附着在养殖大型贝类的浮标上，为滤食性，靠鳃的纤毛运动将海水中的浮游动、植物及有机碎屑滤下送至口中。

◆ **养殖概况**

养殖企鹅珍珠贝的国家有日本、澳大利亚、菲律宾、印度尼西亚、中国、泰国、越南和汤加等。在中国，企鹅珍珠贝的养殖主要为广东和海南。企鹅珍珠贝人工养殖包括人工育苗、母贝养成和植核育珠。人工育苗技术已成熟，母贝的养殖采用笼养或穿耳吊养的方式，两年养殖可达植核贝规格。企鹅珍珠贝的附壳珍珠生产已初具规模并形成产业，而游离珍珠培育技术有待成熟。

◆ **经济价值**

企鹅珍珠贝是海洋食物链上重要的一环，常是生物量的主要贡献者。企鹅珍珠贝作为滤食性动物具有很强的滤水能力，它们通过过滤包括浮游藻类、微生物、贝类幼虫和中型浮游动物等，同化一部分有机质，其他则以粪便的形式排出，从而影响生态系统的结构和功能。企鹅珍珠贝在贝壳生长过程中利用二氧化碳，是固碳的过程，在碳循环中起一定的作用。

马氏珠母贝

马氏珠母贝属动物界软体动物门双壳纲珍珠贝目珍珠贝科珠母贝属一种，又称合浦珠母贝，是中国和日本海水珍珠培育的主要种类，具有极大经济价值。

马氏珠母贝从日本的千叶县以南直至澳大利亚和印度的广大区域均有分布。在中国，自浙江的南几岛、福建的东山沿海，往南到海南岛和南海地区均有马氏珠母贝分布。

◆ **形态特征**

马氏珠母贝的贝壳略呈四方形，背缘平直，腹缘圆。壳顶部分贝壳表面比较平滑，其他部分的贝壳表面由环生的鳞片构成生长线，靠近壳缘特别是腹缘的鳞片，其末端延伸成为片状棘。贝壳内面的中央部分，为晶莹剔透的珍珠层，边缘部分（不包括绞合部）较短，呈淡黄色。雌雄异体。

◆ **生活习性**

马氏珠母贝营固着生活，在自然条件下，以足丝附着在岩石、砾石等硬质的底质上。在环境不适时，能自切足丝，移动寻找新的地点重新分泌足丝固着。为滤食性动物，其摄食量与滤水速度有关，主要食物为有机碎屑、悬浮在海水中的微型颗粒和浮游生物，如硅藻、蓝藻、绿藻、桡足类等。成体适宜温度 15～30℃，最适生长水温 23～25℃；适宜盐度 16～35。

◆ **养殖概况**

马氏珠母贝适于中国广东、广西和海南等沿海海区养殖，已成为中国特种海水养殖产业之一。日本也是其重要的养殖国家，东南亚国家也开始发展马氏珠母贝的养殖。马氏珠母贝的全人工养殖包括人工育苗、海区养成和植核贝养殖。通常在每年春季和秋季育苗，经约两年的中间培育和海上养殖，可达到植核贝的要求规格，植核后再经过 6～12 月的养殖即可收获珍珠。马氏珠母贝在减轻近海的富营养化、生物固碳等方面也发挥着重要的生态作用。

长牡蛎

长牡蛎属动物界软体动物门双壳纲牡蛎目牡蛎科巨蛎属一种。

长牡蛎自然分布于西北太平洋沿岸，从俄罗斯东南部经日本，朝鲜半岛至中国北部。长牡蛎已被广泛引种至世界各地养殖。

◆ **形态特征**

长牡蛎贝壳形态多变。潮下带及人工养殖的长牡蛎个体较大，多为长形。潮间带礁石上的个体则较小，近圆形。以左壳固着，左壳大而深陷，右壳小而平。壳表常见鳞片和粗壮纵肋。壳表黄色间或有紫色、黑色等条纹或斑块。壳内面白色，闭壳肌痕紫黑色或白色，肾形。长牡蛎为雌雄异体形贝类，但是有性转变和雌雄同体现象发生。

◆ **生活习性**

长牡蛎为多年生贝类。固着于潮间带及较浅的潮下带礁石上，群聚习性，一些泥质海滩也可发现长牡蛎生存，且可以形成牡蛎礁，为其他物种提供栖息环境。成体短时耐温 0 ～ 35℃，但是夏季水温长期高于25℃时容易造成大规模死亡。10℃左右性腺开始发育，繁殖期水温一般高于20℃。耐受盐度 10 ～ 35，适宜盐度 20 ～ 30。长牡蛎滤食性，以单胞藻、有机碎屑等微型颗粒物为食。幼虫时期浮游生活，2 ～ 3 周后发生附着变态，固着于附着基上，转为底栖生活。长牡蛎通过过滤海水中的浮游生物，快速长出厚重的贝壳，在减轻近海的富营养化、生物固碳等方面具有重要的作用。

◆ **养殖概况**

长牡蛎是世界上养殖范围最广的牡蛎物种，已经被引种至除南极洲外的各个大洲养殖。中国长牡蛎苗种来源主要有自然附苗和人工繁育。自然海区的繁殖高峰期一般为 5 ～ 9 月。人工育苗通常为春季。通过药物诱导等方法可以生产三倍体和四倍体长牡蛎，通过单体牡蛎可以生产壳型美观的成体。养成阶段多滩涂播养和海区吊养。一般经 18 ～ 30 个月达商品规格。长牡蛎养殖产量大的国家包括中国、法国、韩国、日本等。

香港牡蛎

香港牡蛎属动物界软体动物门双壳纲珍珠贝目牡蛎科巨蛎属一种。

香港牡蛎主要分布区域为中国华南地区的广东省和广西壮族自治区沿海有河流注入的内湾咸淡水水域。

◆ 形态特征

香港牡蛎壳大而厚，两壳不等，左壳厚大，表面凸出，右壳扁平。壳表淡紫色，壳内白色，内凹陷浅，韧带槽长，牛角状，韧带紫黑色，闭壳肌痕位于中部背侧，颜色与形态多变。香港牡蛎为邻接性雌雄同体（即生活史中存在性转变现象，先雄后雌）贝类。

◆ 生活习性

香港牡蛎喜风浪较小、营养丰富且有一定淡水注入的港湾；对底质无明显选择性，通常认为泥沙底为最好；耐受水温 3 ～ 35℃，最适生长温度 18 ～ 28℃；耐受盐度 5 ～ 33，最适盐度 10 ～ 28；最喜水深低潮线以下 2 ～ 8 米。香港牡蛎为滤食性动物，其摄食量与滤水速度有关。主要食物为有机碎屑、悬浮在海水中的微型颗粒和浮游生物，如硅藻类、球藻类等。香港牡蛎固着变态后，终生营固着生活。

◆ 养殖概况

该牡蛎在中国华南沿海养殖已有数百年的历史。一个养殖周期长 2 ～ 4 年，通常为 3 年左右；随着市场需求的增长和规避台风等自然灾害的要求，养殖周期有逐渐缩短的趋势。香港牡蛎养殖特点主要有 3 点：①一龄贝多以壳生长为主，二龄贝软体部与贝壳并重生长。②若长期生长于盐度偏高水域（高于 28）或偏低水域（低于 3）会导致规模性死亡，因此养殖过程中常需配合多次迁移转场。③该种类性成熟季节常分批多次产卵，配子质量随产卵批次有递减的趋势。香港牡蛎的人工繁殖技术已完全突破障碍，逐步达到稳定规模化苗种生产水平。

福建牡蛎

福建牡蛎属动物界软体动物门双壳纲牡蛎目牡蛎科巨蛎属一种。由于福建牡蛎于欧洲伊比利亚半岛发现，因此曾称葡萄牙牡蛎。后来通过遗传学研究推测此处的牡蛎是16世纪通过葡萄牙的海运贸易由亚洲引入。

福建牡蛎自然分布于西太平洋沿岸的中国大陆长江以南沿海和台湾等地，日本等国也有分布。福建牡蛎与长牡蛎可以杂交，且后代可育，两者的分类地位存在争议，也有学者认为两者应为同一种的两个亚种。

◆ **形态特征**

福建牡蛎贝壳形态多变。个体较长牡蛎偏小。壳型一般为长圆形或三角形；壳色多为淡黄色，杂有黑色或紫色条纹；壳表面具有同心鳞片，左壳放射肋不显著；壳内表面白色，闭壳肌痕为紫色或白色。福建牡蛎为雌雄异体形贝类，但是有性转变和雌雄同体现象发生。

◆ **生活习性**

福建牡蛎为多年生贝类。成体适宜温度15～25℃，繁殖期水温高于20℃。适宜盐度20～30。滤食性，以单胞藻、有机碎屑等微型颗粒物为食。幼虫时期浮游生活，2～3周后发生附着变态固着于附着基上，转为底栖生活。

◆ 养殖概况

福建牡蛎是中国南方海区的主养牡蛎之一。中国福建牡蛎的苗种来源主要有自然附苗和人工繁育。自然海区的繁殖高峰期一般为4～9月。人工育苗通常为春季。养成阶段多为滩涂播养和海区吊养。一般经过1年达商品规格。

福建牡蛎通过过滤海水中的浮游生物，快速长出厚重的贝壳，在减轻近海的富营养化、生物固碳等方面具有重要的作用。牡蛎的群聚习性能够在海滩形成牡蛎礁，为其他物种提供栖息环境。

魁 蚶

魁蚶属动物界软体动物门双壳纲蚶目蚶科毛蚶属一种。

魁蚶自然分布于中国黄海、渤海、东海，以及日本、朝鲜及远东海域。

◆ 形态特征

魁蚶贝壳大而厚，斜卵圆形，极膨胀，被有棕色壳皮和黑棕色的壳毛。两壳皆有放射肋42～48条，以43条居多，肋宽而平滑无明显结节。壳内缘有锯齿状缺刻。魁蚶为雌雄异体形贝类。

◆ 生活习性

魁蚶栖息环境多在6～50米水深的软泥或泥沙质海底。耐温范围-1～26℃，生长适宜温度8～20℃，15～18℃生长较快；其耐受盐度20～33.5，适宜盐度26～32。魁蚶为滤食性动物，胃含物的浮游生物主要成分为硅藻，其中数量较多的是舟形藻、圆筛藻、骨条藻、直链藻、菱形藻、曲舟藻，以及浮游动物中的桡足类。在自然海区，魁蚶成体沿壳长方向垂直潜于底质中,幼蚶常用足丝固着在砾石等颗粒上。

◆ **养殖概况**

日本自 1902 年起就曾进行过魁蚶的移殖工作,在 20 世纪初开展了魁蚶的相关研究,到 60 年代取得较大进展。中国自 90 年代开始在山东、辽宁等地沿海进行魁蚶的苗种繁育和底播增殖研究和试验。进入 21 世纪,山东省海洋生物研究院通过升温促进性腺成熟、控温育苗等技术措施,实现当年育苗、当年底播。通常在每年春季开始育苗,经中间培育,至 11 月壳长达 10 毫米以上,即可根据需要当年底播或至来年春季底播。魁蚶适合于中国的黄海和渤海地区增养殖,已成为中国北方浅海增殖的主要种类之一。

毛 蚶

毛蚶属动物界软体动物门双壳纲蚶目蚶科毛蚶属一种。

毛蚶自然分布于西太平洋。毛蚶在中国南北沿海均有分布,以莱州湾、渤海湾、辽东湾等浅水区资源较为丰富。

◆ **形态特征**

毛蚶贝壳中等大小,长卵形。壳质较坚厚且膨胀,两壳不等,左壳稍大于右壳。背侧两端略呈棱角,后端稍长。壳顶突出,向内卷曲,位置偏向前方。壳面有突出且细密的放射肋 30 ~ 34 条,肋上有方形小节结,状似瓦垄;壳表被有褐色绒毛状壳皮。铰合处窄,呈直线形,齿细密。血液呈红色,含血红蛋白。

◆ 生活习性

毛蚶多栖息于受一定数量淡水影响的内湾和较平静的浅海，垂直分布于低潮线以下至 7 米水深的海区。毛蚶为多年生贝类，一般寿命 4 ～ 5 年。成蚶耐温范围 2 ～ 28℃，在水温 18 ～ 23℃生长最快；其适盐范围 25 ～ 31。栖息于软泥或含砂的泥质海底，栖息地常有大叶藻。毛蚶幼贝须在大叶藻等物体上附着 3 ～ 6 个月，壳长达 12 ～ 15 毫米时才转入底栖生活；埋栖生活时也要用足丝附着于沙粒或贝壳上。毛蚶为滤食性贝类，主要食物为硅藻类和有机碎屑。毛蚶在生长过程中，有逐渐向深水区移动的习性。

◆ 养殖概况

人工养殖毛蚶一般每年 6 ～ 7 月进行人工育苗，稚贝在对虾池中进行中间培育，10 月中下旬进行海区底播养殖。经 1 ～ 2 年养殖，毛蚶壳长达 4 厘米以上、肉体肥满时便可收获。毛蚶适合于中国的黄海、渤海、东海地区养殖。毛蚶生长速度快、生活水区较深，各地已进行了大量增殖放流，在减轻近海的富营养化、生物固碳等方面发挥了重要的生态功能。

泥 蚶

泥蚶属动物界软体动物门双壳纲蚶目蚶科泥蚶属一种。

泥蚶广泛分布于印度洋－西太平洋，主要产自东亚、东南亚沿海国家。

◆ 形态特征

泥蚶个体较小，一般 2.5 ～ 3.5 厘米，卵圆形。两壳相等，贝壳坚厚且相当膨胀。壳顶凸出，尖端向内卷曲，壳顶间距大，其间有黑色角质韧带布满菱形沟。壳面有发达的放射肋 17～22 条，肋上具极显著的颗粒状结节。铰合部直，齿多而细密。足位于外套腔中央，肥厚发达，橙黄色，前端尖而弯曲，呈斧刃状。外套膜环走肌发达，有与放射肋相对应的突起。后闭壳肌较前闭壳肌发达。血液呈红色，含有血红蛋白。

◆ **生活习性**

泥蚶喜栖息于风浪小、潮流畅通、有淡水注入的内湾潮间带的软泥滩涂上。泥蚶为广温广盐性滩涂埋栖型贝类。成蚶耐温范围 0～35℃，水温 8℃以下失去爬行和掘土能力，生长适宜温度 13～30℃；耐受盐度 10.4～32.5，适宜盐度 21～25.5。泥蚶系滤食性贝类，主要食物为硅藻类和有机碎屑，对食物的大小和形态具有选择能力。成蚶活动能力较弱，极少做水平运动，只稍做垂直运动。适应浑浊海水能力较强，适于生长在富含底栖硅藻、腐殖质的软泥滩涂。

◆ **养殖概况**

泥蚶生长较慢，一般 2～3 年达到商品规格。已实现了泥蚶全人工育苗和人工养殖，山东至福建沿海的自然繁殖期为 6～8 月份，人工苗种培育通常每年 3～4 月进行亲贝升温促熟、5～6 月控温育苗，经过中间培育，再进行池塘养殖或滩涂养殖。泥蚶适合于中国山东以南沿海养殖，是中国传统四大养殖贝类之一。

虾夷扇贝

虾夷扇贝属动物界软体动物门双壳纲珍珠贝目扇贝科扇贝属一种。

是一种冷水性大型贝类。

虾夷扇贝自然分布于日本北海道及本洲北部、俄罗斯千岛群岛的南部水域及朝鲜附近。

◆ **形态特征**

虾夷扇贝的贝壳大型，近圆形，壳高可达 20 厘米，体重可达 900 克。右壳较突，黄白色；左壳稍平，呈紫褐色。壳顶位于背侧中央，前后两侧壳耳大小相等，右壳的前耳有浅的足丝孔。壳表有 15～20 条放射肋，右壳肋宽而低矮，肋间狭；左壳肋较细，肋间较宽。壳顶下方有三角形的内韧带，单柱类，闭壳肌大，位于壳的中后部。虾夷扇贝繁殖期性腺肥大，雌性橘黄色、雄性乳白色。虾夷扇贝群体中大多数个体雌雄异体，少数个体有雌雄同体现象。

◆ **生活习性**

虾夷扇贝分布于底质坚硬、淤沙少的海底。自然分布水深 6～60 米，生长适宜温度 5～20℃，最适生长温度 15℃左右，低于 5℃生长缓慢，到 0℃时运动急剧变慢直至停止；水温升高到 23℃时生活能力逐渐减弱，超过 25℃以后运动很快就会停滞。虾夷扇贝适宜盐度 24～40。虾夷扇贝为滤食性贝类，滤食细小的浮游植物和浮游动物、细菌及有机碎屑等。虾夷扇贝为体外受精，体外发育。初次繁殖年龄为 2 年以上，为多次产卵，第一次产卵数量最多，1 次产卵可达 1000 万～3000 万粒。

◆ **养殖概况**

自 1982 年由中国辽宁海洋水产研究所引进中国以来，虾夷扇贝已在山东、辽宁等北方沿海进行大范围的人工养殖。通过升温促进性腺成熟及控温育苗，实现虾夷扇贝的全人工养殖。通常在每年早春育苗，经中间培育和海上养殖，经 2～3 年养殖成商品贝。由于其个体较大、营养丰富、有较高的市场价值，已成为中国北方黄海和渤海水域重要的海水养殖贝类之一。另外，虾夷扇贝在日本、加拿大等地也有一定的增殖和养殖。

华贵栉孔扇贝

华贵栉孔扇贝属动物界软体动物门双壳纲珍珠贝目扇贝科栉孔扇贝属一种。

华贵栉孔扇贝自然分布于中国广东、广西、海南与福建的东山等地，以及越南、菲律宾等国热带、亚热带海域。

◆ **形态特征**

华贵栉孔扇贝的贝壳大，近圆形，壳长略小于壳高。左壳较凸，右壳较平。两耳不相等，前耳大，后耳小。壳表具大而等粗的放射肋 23 条左右，肋上具有翘起的小鳞片。足丝孔具细齿。铰合线直。外套膜具缘膜，外套触手细而多。成体前闭壳肌退化，后闭壳肌发达。雌雄异体，成熟个体的雄性生殖腺为乳白色、雌性生殖腺为金黄色。

◆ **生活习性**

华贵栉孔扇贝的寿命可达 3 年，10 个月龄贝即可达性成熟。成贝耐受温度 12～33℃，最适水温 20～25℃；耐受盐度 18～35，适宜盐度 25～32。华贵栉孔扇贝为滤食性动物，以滤食浮游植物和有机碎屑为主。华贵栉孔扇贝生长较快，1 龄贝即可长至 7～8 厘米。每年 5～6

月及 9 ～ 10 月为繁殖盛期。

◆ **养殖概况**

中国在 20 世纪 70 年代末开始开展华贵栉孔扇贝人工育苗和养殖工作，已掌握全人工育苗和养殖技术。人工育苗的亲贝主要来自自然海区性腺发育成熟的个体，多在 3 ～ 5 月和 9 ～ 11 月，幼虫的浮游期在 9 ～ 12 天。变态后的稚贝附着于棕绳附着基上，当稚贝生长到 0.5 ～ 1 毫米时即可放入 60 目的尼龙网袋中进行中间培育。经过 3 ～ 4 次分苗后，稚贝长到 30 毫米以上放入扇贝养成笼进行海上养殖，长至 70 毫米以上可开始收获商品扇贝。华贵栉孔扇贝适于中国东海南部、南海等海区养殖，其养殖业已成为中国南方浅海养殖最重要的产业之一。

海湾扇贝

海湾扇贝属动物界双壳纲珍珠贝目扇贝科海湾扇贝属一种。

◆ **分布**

海湾扇贝自然分布于大西洋西海岸，从加拿大南部的新斯科舍半岛，经美国的科德角向南延伸至新泽西州和北卡罗来纳州，多栖息在有大叶藻的浅海和内湾。

◆ **形态特征**

海湾扇贝的贝壳中等大小，近圆形。两壳皆有放射肋 18 ～ 20 条，肋圆、光滑，无棘。外套膜具缘膜，外套触手细而多。成体前闭壳肌退化，后闭

海湾扇贝

壳肌发达。海湾扇贝为雌雄同体形贝类。

◆ **生活习性**

海湾扇贝为 1 年生的贝类。成体海湾扇贝耐温 −2 ～ 32℃，水温 5℃ 以下停止生长，10℃ 以下生长缓慢，18 ～ 28℃ 生长较快；耐盐度 18 ～ 43，适盐度 21 ～ 35。海湾扇贝为滤食性动物，其摄食量与滤水速度有关。海湾扇贝主要食物为有机碎屑、悬浮在海水中的微型颗粒和浮游生物，如硅藻类、双鞭毛藻类、桡足类等。在自然海区，成体用其左壳平躺在海底。幼贝常用足丝固着在大叶藻或砾石上。在环境不适时，能自切足丝用两壳开闭击水做短距离的快速移动。

自 1982 年中国可实现海湾扇贝当年育苗当年养成的全人工养殖，中国育有海湾扇贝"中科红"和海湾扇贝"中科 2 号"等品种。

栉孔扇贝

栉孔扇贝属动物界软体动物门双壳纲珍珠贝目扇贝科栉孔扇贝属一种。

栉孔扇贝自然分布于中国北部、朝鲜西部和日本沿海。在中国，栉孔扇贝自然分布于辽宁的旅大和山东的日照、青岛、东堵岛、俚岛、成山头、烟台、长岛等地沿海。

◆ **形态特征**

栉孔扇贝的贝壳中等大小，壳高略大于壳长。前耳长度约为后耳的 2 倍。前耳腹面有一凹陷，形成栉孔，在孔的腹面右壳上端边缘生有小型栉状齿 6 ～ 10 枚。具足丝。左壳表面主要放射肋约 10 条，具棘，右壳放射肋较多。外套膜简单型，具缘膜、外套眼和发达的外套触手。成体前闭壳肌退化，后闭壳肌发达。雌雄异体形。

◆ **生活习性**

栉孔扇贝为多年生的贝类，生活于低潮线以下，水流较急、盐度较高、透明度较大、水深 10 ～ 30 米的石礁或有贝壳沙砾的硬质海底，用足丝附在岩石或其他物体上生活。成体栉孔扇贝耐受温度 -2 ～ 35℃，水温 4℃以下几乎停止生长，15 ～ 25℃生长较快；其耐受盐度 18 ～ 43，生长适宜盐度 23 ～ 34。栉孔扇贝为滤食性动物，其摄食量与滤水速度有关，主要食物为有机碎屑、悬浮在海水中的微型颗粒和浮游生物，如硅藻类、双鞭毛藻类、桡足类等。在自然海区，成体右壳在下，左壳在上，用足丝附着于外物上生活，常互相附着。在环境不适时，能自切足丝，借贝壳张闭的排水力量做短距离移动，并重新分泌足丝附着。

◆ **养殖概况**

栉孔扇贝养殖业是中国北方浅海养殖的支柱产业之一。在 20 世纪 60 年代前，中国扇贝的生产全部是采捕自然生长的。自 1968 年开始人工养殖，特别是 1973 年以来，扇贝半人工采苗、人工育苗和养成等关键技术突破之后，扇贝养殖业得到了迅猛发展。由于自然资源丰富，养殖用栉孔扇贝苗种主要源于自然海区半人工采苗。栉孔扇贝每年有春、秋两次繁殖期，一般在幼虫附着变态前投放采苗袋和采苗笼进行采苗。经中间培育至贝苗壳高 20 毫米以上时，可进行分笼养成。栉孔扇贝的养殖以浅海筏式养殖为主，也可底播养殖。栉孔扇贝的生长速度随着年龄、季节及海区的环境条件的不同而不同，甚至不同个体之间也有差异。春季发生的扇贝苗当年年底可以生长至壳高 22.7 毫米，第 2 年可以生长到 49.55 毫米, 第三年可达 64.19 毫米, 第四年可达 70.27 毫米, 第五年可达 76.09 毫米。生产上一般在第二年的 11 月份开始收获。栉孔扇贝适于在山东日照以北的黄海和渤海地区养殖。

青 蛤

青蛤属动物界软体动物门双壳纲帘蛤目帘蛤科青蛤属一种贝类。

青蛤自然分布于中国、日本、朝鲜半岛和东南亚等,在中国属黄海、渤海常见种。

◆ 形态特征

青蛤贝壳近圆形,壳面膨胀,同心圆生长轮明显,两壳大小相等,两侧近等。贝壳呈灰白色、青紫色或淡黄色等。前闭壳肌痕细长,呈椭圆形;后闭壳肌痕大,呈椭圆形。

◆ 生活习性

青蛤生活于近海泥沙或沙泥底质的潮间带区域,有淡水注入的内湾及河口近海资源量较为丰富。成体以埋栖方式生活,有较长的水管伸出至洞口索食。青蛤为虑食性贝类,靠滤食微藻和有机碎屑为食。青蛤生长适温范围 5 ～ 35℃,适盐范围 10 ～ 35。青蛤移动性较弱,一般不进行较大距离的移动和逃避。

◆ 养殖概况

青蛤产量高、肉质鲜美,是贝类主导养殖品种之一。青蛤对水温、

青蛤

盐度等环境因子的适应性较强，在中国南北沿海广泛开展养殖。青蛤苗种繁育方式主要有室内人工育苗、半人工采苗和土池育苗。室内全人工育苗技术含量高、单位水体出苗量大，是青蛤苗种培育的发展方向。青蛤养殖主要包括围塘养殖方式和滩涂养殖方式，在实际生产中，青蛤围塘养殖一般与虾、鱼等进行混养，可提高经济效益。

文 蛤

文蛤属动物界软体动物门双壳纲帘蛤目帘蛤科文蛤属一种雌雄异体形贝类。

文蛤自然分布于东亚和南亚等地，包括中国、日本、朝鲜半岛、印度等地。中国从辽宁至广西沿海都有分布。

◆ **形态特征**

文蛤贝壳背缘略呈三角形，两壳大小相等，两侧不等，壳顶倾向前端。壳质坚厚，背缘略呈三角形，腹缘略呈圆形。壳表面膨胀，无放射肋，具外韧带一条。群体的壳色花纹多样，壳面主要呈灰白色、黄白色、黄褐色或棕色等，并有不规则的 W 形或 V 形褐色花纹或褐色斑带。

文蛤

◆ **生活习性**

文蛤为多年生的贝类，分布于受淡水影响的内湾及河口近海，以埋栖方式生活在较平坦的沙质海滩中，含沙率 50% ～ 90%，以 60% ～ 80% 为最好。幼贝多分布在高潮区下部，随着生长逐渐向中、低潮区移动，成贝分布于中潮区下部，直至低潮线以下水深 5 ～ 6 米处。文蛤适宜温度 5 ～ 30℃，适宜盐度 10 ～ 35。文蛤为滤食性贝类，靠滤食水体中微藻和有机碎屑为食。条件不适时，文蛤可以通过排放黏液进行较大距离的移动和逃避。

◆ **养殖概况**

文蛤为中国沿海重要的养殖贝类。中国已掌握了文蛤亲贝促熟、幼虫培养、高效采苗和稚贝中间培育等关键技术，构建了文蛤苗种规模化高效人工培育技术体系。文蛤养殖方式主要包括北方的滩涂底播养殖和南方的围塘养殖。文蛤养殖一般在春季投放苗种，大规格苗种经过 1 ～ 2 年的养殖，可达商品规格。

◆ **价值**

文蛤因味道鲜美、营养丰富，一直受到市场的欢迎。产品多以鲜活方式在中国出售，或出口日本和韩国市场，是中国出口创汇的重要品种。

西盘鲍

西盘鲍是引自日本长崎县经 4 代群体选育的西氏鲍（母本）与经 4 代群体选育的皱纹盘鲍（父本）组合的杂交子 1 代品种。2014 年通过全国水产原种和良种审定委员会审定，品种登记号：GS-02-007-2014。

为改良皱纹盘鲍的耐高温特性，厦门大学柯才焕教授课题组以日本

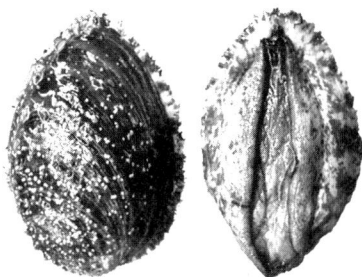

西盘鲍

长崎县和中国辽宁省大连市引进西氏鲍和皱纹盘鲍为基础群体，连续选育 4 代获得"西氏鲍长崎选育系"和"皱纹盘鲍晋江选育系"，从其正反交子代中筛选出杂种优势显著的西氏鲍（母本）×皱纹盘鲍（父本）组合，具其杂种优势的子 1 代被命名为西盘鲍。西盘鲍外形兼具亲本特点，具有耐高温和高产的性状优势。此杂交种耐高温，生长速度比父、母本分别快 13.9%～17.5% 和 11.1%～12.5%，养殖成活率比父、母本分别提高 32.3%～44.0% 和 29.3%～29.4%。

西盘鲍适宜在中国福建和广东粤东地区人工可控的海水养殖水体中养殖，且已推广应用。养殖环境以温度 20～30℃，盐度 26～35，pH8.0～8.6，溶解氧大于 3 毫克／毫升为宜。饵料以龙须菜和海带为主。可养殖方式有海区吊养、陆基工厂化集约式养殖、潮间带围池养殖等，尤以海区吊养较为普遍。常见养殖病害有暴发性细菌病和脓疱病等，需注意防范。

杂色鲍

杂色鲍属动物界软体动物门腹足纲新腹足目鲍科鲍属一种。

杂色鲍自然分布于中国海南、广东、广西、福建、浙江和台湾等地沿岸浅海海域，以及日本南部、韩国南部、越南沿岸浅海海域，栖息在有海藻分布的岩石海底。

◆ 形态特征

杂色鲍贝壳中等偏小，呈椭圆形，螺旋部极小，螺层 3 个，缝合线浅；体螺层极宽大，几乎占贝壳全部；壳顶钝，略高于体螺层的壳面；

自第 2 螺层中部开始至体螺层边缘，有 30 多个排成一列的突起和小孔，前端突起小而不显著，末端 8 ～ 9 个大且开孔。壳面呈绿褐色，常有花纹，生长纹呈一条条极明显的肋状条纹；贝壳内面白色，有彩色光泽；足发达，几与壳口相等。足分为上、下两部，上足覆盖下足，边缘生有许多小触手，可从贝壳上的小孔伸出。

◆ **生活习性**

杂色鲍为多年生贝类。栖息在浅海岩石中，有昼伏夜出的习性，白天藏身于岩石缝或背光的位置，夜晚外出爬行和觅食。在浮游面盘幼虫期不摄食，稚贝阶段的食物为底栖硅藻，成体以大型海藻为食。适宜温度 10 ～ 30℃，最适温度 20 ～ 25℃；适宜盐度 25 ～ 35，最适盐度 28 ～ 32。

◆ **养殖概况**

在中国，杂色鲍适宜养殖的区域包括福建南部、广东、广西、海南和台湾。该种已实现规模化全人工养殖。人工育苗包括亲鲍培育、催产、底栖硅藻预培养、稚贝培育等阶段，稚贝培育的后期大量使用配合饲料作为幼苗饵料。养成有陆基工厂化养殖和海上养殖两种形式，前者采用叠层式塑料笼在水泥池养殖，后者又分为筏架式和延绳式养殖，在台湾地区还有纳潮式池塘养殖模式。杂色鲍养成期饵料主要是龙须菜和海带。从鲍苗养殖到商品鲍的时间通常为 1 年。

◆ **生态功能**

杂色鲍是植食性动物，养殖杂色鲍可促进大型海藻养殖产业的发展，间接对减轻近海水域富营养化和生物固碳发挥重要生态作用。

皱纹盘鲍

皱纹盘鲍属动物界软体动物门腹足纲原始腹足目鲍科鲍属一种。

皱纹盘鲍主要分布于西北太平洋日本北部、朝鲜半岛和中国辽东与山东半岛水域。

◆ **形态特征**

皱纹盘鲍贝壳很低，壳顶钝，螺旋部小，螺层少。体螺层及壳口极大、卵圆形，外唇薄，内唇厚。外壳边缘呈刃状。足部特别发达肥厚，分为上、下足。腹面大而平，适宜附着和爬行。壳表面生长纹明显，壳内面银白色，有绿、紫、珍珠等彩色光泽，其末端边缘具一列呼吸孔，数量多为 4 ～ 5 个。鳃 1 对，左侧鳃较小。雌雄异体。

◆ **生活习性**

皱纹盘鲍为多年生的贝类，多栖息于水流湍急、海藻丰富的浅海岩礁区。在自然海区，多见于水流湍急、水质清澈的岩礁区，昼伏夜出，成体依靠吸力强大的腹足吸附于岩礁缝隙。成体皱纹盘鲍耐温范围 2 ～ 28℃，水温 7.6℃ 以下停止生长，15 ～ 24℃ 生长较快；其耐盐范围狭窄，适宜盐度 28 ～ 33。皱纹盘鲍为舔食性动物，主要食物为海带、紫菜、裙带菜等大型海藻为主。

◆ **养殖概况**

在中国，皱纹盘鲍实验性育苗起于 20 世纪 70 年代。大规模养殖起于 20 世纪 80 年代。随着种群间杂交制种技术以及海区养殖技术的发展与产业化应用，皱纹盘鲍养殖产业发展迅速，福建等海区已取代山东、大连成为养殖主产区。皱纹盘鲍已成为中国主要经济养殖贝类之一。

◆ **生态功能**

鲍养殖产业的繁荣带动了作为鲍饲料的海带、裙带菜、紫菜等大型海藻养殖业的发展，可以充分发挥贝藻养殖在海洋生物固碳、汇碳和减碳的功能，实现碳的汇集、存储和固定的系列化，对于发展海洋碳汇渔业起到积极作用。

江 珧

江珧属动物界软体动物门瓣鳃纲贻贝目江珧科的一类双壳贝类。

江珧全部是海产，分布在温带、亚热带和热带海域，尤以印度洋和太平洋种类较多。中国沿海分布的江珧主要有 12 种，其中仅有栉江珧主要分布在黄海、渤海和东海。除栉江珧外，其他 11 种分布于南海，分别是黄口江珧、棘江珧、中国江珧、旗江珧、胖江珧、羽状江珧、紫色裂江珧、多棘裂江珧、细长裂江珧、二色裂江珧和囊形扭江珧。

◆ **形态特征**

江珧贝壳大而薄脆，呈三角形或楔形。其贝壳表面具有放射肋，肋上有三角形略斜向后方的小棘。颜色淡褐到黑褐，幼时略透明，足丝发状。江珧后闭壳肌约占体长 1/3，大而圆，肉嫩味美，营养丰富，其干制品是名贵的江珧柱（江瑶柱）。

◆ **生活习性**

江珧多分布于潮下带，泥沙、中沙和粗沙或软泥底质、水流平缓、风浪小的内湾区域。江珧营半埋栖附着生活，当幼虫下沉附着后，一般终生不再移动。江珧常以壳的尖端直立插入泥沙中，同时以足丝固着于沙粒上，以宽大的后部露出地面生活，其主要以单细胞藻类和有机碎屑为食。

◆ **生态功能**

江珧人工育苗技术尚不成熟，不具备规模化稳定生产的能力，因而截至 2022 年底市场上的江珧全部为野生资源。江珧具有群栖现象，其分布呈现斑块状聚集，潜水采捕常见成片的江珧聚集生活，类似"海底森林"，对海洋底栖环境净化和生态系统稳定具有重要作用。人类进行的拖网采捕作业严重破坏了江珧的生存环境和自然资源，使得许多曾经资源丰富的近岸海域已很难再找到江珧的踪迹。

第 5 章

棘皮动物类

仿刺参

仿刺参属动物界棘皮动物门海参纲楯手目刺参科仿刺参属一种。

仿刺参主要分布于西北太平洋沿岸，自潮下带至 100 多米水深皆有发现。其栖息地涉及萨哈林岛（库页岛）南部沿岸海域、鄂霍次克海南部的千岛群岛西部沿岸海域、日本海沿岸、朝韩两国沿岸海域和黄、渤海沿岸。在中国，仿刺参自然分布的南界位于江苏连云港海域，在地理纬度上的自然分布最南端位于日本鹿儿岛县附近。

◆ 形态特征

仿刺参体长一般约 20 厘米，最长的达 40 厘米，为较粗壮的圆筒状，腹面有管足，背面有疣足。咽部围绕一钙质骨板，称为石灰环。口部具有触手，基部有坛囊。肛门偏于背面，呼吸树发达。当前现存的仿刺参主要有青色、紫色、白色、红色、黑色等几种色型。

◆ 生活习性

仿刺参的盐度耐受范围较窄，一般 28 ～ 32 较为适宜。仿刺参生长的适宜 pH 为 7.9 ～ 8.4，适宜温度为 5 ～ 20℃，最适生长温度为 10 ～ 16℃。仿刺参有夏眠的生活习性，当水温超过一定范围后，仿刺参即迁移到海水较深、较安静的岩石间不食不动，这种现象称为刺参夏眠。仿刺参的个体发育要经过复杂的变态历程，从受精卵—囊胚期—原肠期—小耳状幼体—中耳状幼体—大耳状幼体—樽型幼体—五触手幼体—稚参。仿刺参在受到损伤、遭遇敌害或处于不良环境，比如水质污染、水温过高、缺氧、盐度变化等时，有出现身体强烈收缩，并将部分甚至全部脏器由肛门排出体外的现象。排脏之后，仿刺参在适宜的环境下能再生出新的内脏器官。仿刺参在受到环境或其他因素，如紫外线照射、盐度降低、细菌感染等影响时，会发生高度的自溶反应，这也是刺参养殖、加工和保存过程中的重要问题。海泥中的有机碎屑和各种微生物是仿刺参的主要饵料来源。

◆ **养殖概况**

每年 5 月底到 7 月初是仿刺参的产卵季节，随地区水温变化而略有变化。一般来说，海水温度达 18 ～ 20℃时开始排卵。亲参产卵和排精大多在午夜前 3 ～ 4 小时内完成，雄参一般先排精，然后雌参产卵，间隔时间为 10 ～ 60 分钟。在此之前亲参活动频繁，爬行于池壁四周，左右摇摆头部，不久便由生殖孔排出精子和卵子。由生殖孔排出的精子呈缕缕白雾徐徐散开，水色随之变乳白色，持续 5 ～ 10 分钟；卵子呈橘黄色绒线状波浪式喷出，慢慢散开沉向水底，持续 5 ～ 15 分钟，可产 1 ～ 3 次。在中国，仿刺参的养殖地区主要为辽宁至江苏北部的沿海海域。

海刺猬

海刺猬属动物界棘皮动物门游在亚门海胆纲正形目疣海胆科海刺猬属一种。

海刺猬自然分布于中国的黄海北部及日本海的部分海域。

◆ 形态特征

海刺猬壳形略扁，壳高略小于壳径的1/2，最大壳径约80毫米，口面比较平坦，反口面隆起，顶系大而凸起，顶部膨起成低圆丘形。成体体表及大棘的色泽均为淡褐色至灰褐色，口面的棘基部灰褐色，尖端赤褐色。大棘长，较粗壮，表面有光泽，末端钝扁成凿刀状，长度约为壳径的1/2。围肛部呈椭圆形，肛门偏向右后方，接近于第一眼板。围口部鳃裂显著。海刺猬雌雄异体。

◆ 生活习性

海刺猬为冷水性种类，可在 -2 ～ 28℃条件下长时间存活，但低温条件显著抑制其摄食活动，且在 5℃时的遮蔽行为显著低于 15℃和25℃。30℃高温在短期内就能够引起海刺猬的大量死亡。海刺猬生存盐度 20 ～ 35。栖息水深较深，10 ～ 150 米。海刺猬是典型的底栖杂食性动物。

◆ 养殖概况

海刺猬人工育苗试验已经开展，但尚未开展养殖。研究表明，与12 ～ 16℃相比，海刺猬在 16 ～ 23℃条件下性腺产量和性腺指数显著提高，但性腺颜色和性腺口味显著降低。海刺猬体尺性状（壳径、壳高和体重）与性腺重显著表型相关，但与性腺水分含量、红度值和亮度值无显著表型相关。

光棘球海胆

光棘球海胆属动物界棘皮动物门游在亚门海胆纲正形目球海胆科球海胆属一种，是中国近海重要的海珍品之一。

光棘球海胆产于西北太平洋沿海，在中国主要分布于辽东半岛和山东半岛的黄海和渤海海域。

◆ 形态特征

光棘球海胆呈规则的半球形。壳径一般为 6 ～ 7 厘米，最大者可达 10 厘米。壳由多角形和规则的石灰质板构成，壳上布满了许多能活动的棘。管足排列成 5 双行。壳板上每对管足孔相当于 1 个管足。口在腹面的正中，外露 5 个白齿，系咀嚼器官——亚里士多德提灯的一部分。

◆ 生活习性

生活于温带海域的光棘球海胆，生存水温为 0 ～ 30℃，生长适宜温度 15 ～ 22℃，25℃时摄食量巨减。光棘球海胆喜欢隐蔽于阴暗处或礁石下，摄食含有硅藻、大型藻类和一些附着珊瑚藻类的碎屑。在盐度为 27 ～ 35 的环境中，其摄食与生长良好。

◆ 养殖概况

海胆兼具食用价值、药用价值和科研与教学价值，其中部分种类的生殖腺味道鲜美，营养丰富。在中国，已在辽宁的大连和山东的威海开展了增殖放流。

马粪海胆

马粪海胆属动物界棘皮动物门游在亚门海胆纲正形目球海胆科一种，是中国和日本沿海特有种。

在中国，北起黄、渤海海域，南至东海的浙、闽沿海均有马粪海胆分布。

马粪海胆壳形侧面观为低半球形，口面观为接近于圆形的圆滑正五边形，步带区与间步带区幅宽相等，最大壳径约为 60 毫米。马粪海胆棘刺着生密集，针形，尖锐，成海胆期大棘长度 5～6 毫米。颜色多为暗绿色，也有灰褐、赤褐、灰白甚至白色。步带区和间步带区的大棘大多向两侧倾斜，每个步带区的中间部位常形成一条近似于裸露状的纵带。雌雄异体。

马粪海胆多栖息在水深不超过 4 米的潮间带和浅水区，少受风浪影响的岩礁之间或石块下面。马粪海胆为广温性种类，生存水温为 0～30℃，适宜温度 8～22℃，最适温度为 13～15℃。马粪海胆为狭盐性种类，适盐范围 28～35。幼海胆主要以底栖硅藻和石莼等为食。成海胆主要摄食大型藻类，如海带、裙带菜等；此外，还摄食底栖硅藻、端足类、桡足类以及贝类的幼体等小型海洋动物。白天强光照会抑制其摄食，作为补偿，会在夜间增加摄食量，白天光照弱的情况下，昼夜间摄食差异不大。人工育苗可在每年春季进行，至秋季可进行养殖。尚未规模化开展人工增养殖。

中间球海胆

中间球海胆属动物界棘皮动物门游在亚门海胆纲正形目球海胆科球

海胆属一种。又称虾夷马粪海胆。

中间球海胆自然分布于日本的北方及俄罗斯的远东地区部分沿海。中国各海域尚未发现有其自然种群分布。

◆ **形态特征**

中间球海胆壳形侧面观为低半球形，口面观为接近于圆形的圆滑正五边形，步带区与间步带区幅宽不等，最大壳径可达 90 毫米。中间球海胆棘刺数量较多，针形，尖锐，成海胆期大棘长度 5 ~ 8 毫米，颜色变异较大，有绿褐、黄褐等色，幼海胆期通常呈白色。管足数量较多，颜色变异较大，有紫红、淡黄等色。雌雄异体。

◆ **生活习性**

中间球海胆为冷水性种类，生存水温为 -2 ~ 25℃，12 ~ 16℃生长速度较快，水温超过 20℃时摄食量显著减少，水温超过 23℃较长时间可能导致其大量死亡。耐受盐度 20 ~ 35。壳径在 8 毫米以下的中间球海胆主要以底栖硅藻为食，壳径大于 8 毫米的中间球海胆主要摄食大型藻类如海带、裙带菜等；此外，还摄食底栖硅藻、端足类、桡足类及贝类幼体等小型水生动物。光照强度对海胆的摄食活动有较大影响，白天光照较强会抑制海胆的摄食，作为补偿，在夜间增加摄食，使其摄食呈现日周期性变化规律。

◆ **养殖概况**

1989 年，大连水产学院（今大连海洋大学）由日本引入中国，随后突破了其人工繁殖技术。截至 2022 年，中间球海胆是中国唯一大规模养殖的海胆种类，通常在每年秋季进行人工育苗，至次年春季可进行养殖。该种为冷水种，适于在中国辽宁、山东海域进行人工增养殖。人工增养殖方式主要有筏式养殖和底播增殖，筏式养殖生产周期一般为1～2年。

紫海胆

紫海胆属动物界棘皮动物门游在亚门海胆纲正形目长海胆科紫海胆属一种。紫海胆是太平洋北部海域习见种之一。

在中国，紫海胆自然分布海域主要为浙江、福建、广东等沿海。

紫海胆壳形侧面观为半球形，口面观为接近于圆形的圆滑正五边形。外表呈黑紫色，大棘针形，长而粗壮，表面光滑，末端尖锐。有些个体出现两侧大棘不均等现象，一侧大棘偏长，而另一

紫海胆

侧大棘偏短。本种外观与光棘球海胆极其相似。紫海胆雌雄异体，为暖水性种类，生存水温为10～34℃，生长适宜水温22～27℃。紫海胆为以大型藻类为主的杂食性，幼海胆摄食石莼时效果较好。

紫海胆通常在每年春、夏季进行人工育苗，中国已开展了其人工繁殖试验和小规模的增养殖。紫海胆适于在中国浙江、福建、广东等海域进行人工增养殖。

第6章 其他类

光裸方格星虫

光裸方格星虫属动物界星虫动物门方格星虫纲方格星虫目方格星虫科方格星虫属一种。俗称沙虫。

光裸方格星虫广泛分布于大西洋、太平洋、印度洋沿岸等海域，在中国大部分沿海均有分布，北到烟台崆峒岛，南到北海的涠洲岛及海南三亚均有发现，但以南方海区生物量较大，尤其是广西北部湾沿岸的资源最为丰富。光裸方格星虫肉质鲜美，营养价值较高，但养殖历史较短。

◆ 形态特征

光裸方格星虫形呈圆筒状，柔软如蚯蚓，在其吻部后的部位具有纵横的条纹，呈方格状，其成体在伸展状态体长可达20厘米，直径1.0～1.5厘米。光裸方格星虫为雌雄异体，性成熟时外观可辨雌雄，雌性肾管因充满卵子呈暗红色，而雄性肾管呈乳白色。与光裸方格星虫同属的种类还包括挪威方格星虫、强壮方格星虫、拟安氏方格星虫和印度方格星虫，这些物种也有类似的经济价值。

◆ **生活习性**

光裸方格星虫营穴居生活，多栖息于含有一定有机质的泥沙质或偏沙质的潮间带，通过摄入表层沉积物利用其中的有机物质。光裸方格星虫的食物来源有沉积物中的有机质、底栖硅藻及浮游生物等，通过吻部末端的触手刮取食物。成体和幼虫适宜盐度分别为 17.6 ～ 38.5 和 21.7 ～ 26.9；适宜水温为 16 ～ 34℃，21 ～ 33℃生长较佳。

◆ **养殖概况**

对光裸方格星虫的催产方式主要采用干露法结合流水刺激促使成熟的亲体排放精子和卵子，配子在水中受精和进行胚胎发育，然后孵出担轮幼虫，进一步发育成海球幼虫。海球幼虫期需投喂优质单胞藻。海球幼虫变态成为稚虫不久后移到室外池塘进行中间培育，成为大规格苗种后进入养成阶段。光裸方格星虫一般采用潮间带养殖和池塘养殖两种养殖方式，其中池塘养殖有单养，也有与蛤类、对虾等混养。

◆ **生态功能**

光裸方格星虫是典型的沉积物食性种类，在自然海区对于底质改善、防止底质环境恶化发挥了重要作用。该种与对虾、蛤类等混养，可通过吞食对虾、蛤类等的粪便和残饵改良底质和养殖环境，有良好的生态作用。

双齿围沙蚕

双齿围沙蚕属动物界环节动物门多毛纲游走目沙蚕科围沙蚕属一种。

双齿围沙蚕分布于中国渤海、黄海、东海和南海；韩国、泰国、菲律宾、印度（安达曼群岛）、印度尼西亚（苏拉威西、苏门答腊、爪哇）等沿海也有分布。

◆ **形态特征**

双齿围沙蚕身体为圆柱形，两侧对称，背腹稍扁平，体呈肉红色或蓝绿色。商品规格体长 15 ～ 19 厘米，对应体节 180 ～ 220 个刚节。自然状态下的双齿围沙蚕体长最大可达 27 厘米。身体分为头部、躯干部和肛部 3 个区。体侧具疣足，疣足上有刚毛供爬行和附着。双齿围沙蚕雌雄异体，异体受精。

◆ **生活习性**

双齿围沙蚕为热带、温带广温、广盐种、广布种，喜栖于潮间带泥沙底质中，挖 U 形穴附着其内，是高中潮带的优势种，亦见于红树林群落中。双齿围沙蚕随潮水涨落而活动，昼伏夜出，摄食时露出沙面。幼体浮游阶段以单胞藻为主，穴居后以底栖单胞藻和有机碎屑为饵料，能有效利用污泥中的蛋白质。适宜温度 1 ～ 35℃，适宜盐度 1 ～ 37。对环境适应能力很强。繁殖季节性成熟时，亲体由底栖状态变态为异沙蚕体，浮游于水中排精产卵，群浮和婚舞是其特有的生殖现象。双齿围沙蚕体大且肥，可做钓饵，也是鱼、虾、蟹人工育苗和养殖的优质活体天然饵料。双齿围沙蚕是中国沿海河口区养殖沙蚕的物种之一。

◆ **养殖概况**

双齿围沙蚕多为一年生，体大且肥，可做钓饵，也是鱼、虾、蟹人工育苗和养殖的优质活体天然饵料。是中国沿海河口区养殖沙蚕的物种之一。繁殖期在 5 ～ 10 月，其中 5 ～ 6 月和 9 ～ 10 月的大潮汛期为繁殖高峰期。双齿围沙蚕生长迅速，几个月即可达到商品规格。养殖方式主要有滩涂养殖、池沼（或土池）养殖、工厂化养殖等，适宜大面积推广养殖。

◆ **生态功能**

双齿围沙蚕作为底栖腐食性生物，在摄食利用沉积有机物的同时，促进有害物质氧化分解，起到改善底质结构和生态环境的作用，尤其对于有机质沉积丰富、污染较重地区，选择以移养沙蚕为重点的生态养殖具有重要的生态综合利用价值。

乌 贼

乌贼是动物界软体动物门头足纲鞘亚纲乌贼目乌贼科的统称，主要经济种类有金乌贼、虎斑乌贼、拟目乌贼、无针乌贼等。

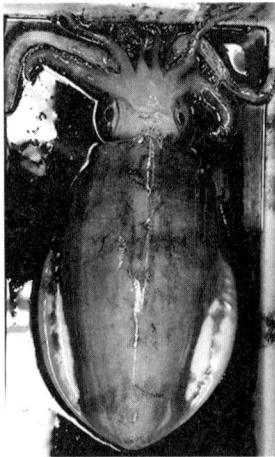

乌贼

乌贼分布于除南北美洲两岸以外的温带及热带地区，限于大陆及大陆斜坡上，大多于沙泥底质，但有些种类生活于珊瑚礁中。

乌贼胴部呈盾形，肉鳍为周鳍型。腕吸盘 4 行，雄性左侧第 4 腕茎化，触腕穗吸盘数行至数十行，吸盘不特化成钩。不具腺体发光器。内壳发达，石灰质。

乌贼为经济种类，尤其是中、大型种类。主要以捕食甲壳类、双壳类、腹足类及鱼类为

主。大多靠近海底生活，许多种类性成熟时，雌雄颜色模式不同，有交
配前舞。

自 20 世纪 80 年代中后期以来，由于捕捞过度等原因，中国乌贼资
源量日趋衰退，有濒临枯竭的危险。开展养殖、增殖放流进行资源修复
势在必行。同时，乌贼由于生活周期短（通常 1 年）、生长快、营养价
值高等特性，已成为海水养殖业中引人关注的种类。主要养殖种类有金
乌贼、无针乌贼。

乌贼营养丰富，富含优质蛋白质、维生素和微量元素。其内壳（海
螵蛸）有止血、收敛的功效；墨汁不仅是良好的止血药，还可保护
造血干细胞，有抗辐射和癌细胞的作用，被誉为"黑色食品"。其
干制品（俗称墨鱼干、乌贼干）和产卵腺的腌制品（乌鱼蛋）都是
有名的海珍品。

白色霞水母

白色霞水母属动物界刺胞动物门钵水母纲旗口水母目霞水母科霞水
母属一种广布性的大型海洋浮游生物。

◆ 分布

白色霞水母在中国辽宁、江苏、浙江、福建、广东沿海均有分布，
其中以浙江省、福建省分布范围最广。

◆ 形态特征

白色霞水母伞径 500 ～ 1000 毫米。触手中空、多而细长。口腕宽阔、

扁平。鲜活霞水母的口柄、肩板和丝状附属物带有毒素。通常以小型浮游动物为饵。其生殖腺发达，繁殖能力强。生长速度快。

◆ **生活史**

白色霞水母为雌雄异体，精卵排出体外，行体外受精；也有精子游到雌体体腔中进行受精。白色霞水母受精卵发育为带纤毛的浮浪幼虫后沉入海底，固着于坚硬基底上，在定置前形成一种凸面的圆形浮浪幼体囊，经脱囊狭窄柄部拉长进而变成一个细长颈瓶形状，萌发出4个触手成为早期螅状体。螅状体可产生足囊和通过产生匍匐茎形成囊胞进而发育成新的螅状体。这段生活史称为"有性世代"。螅状体以横裂方式形成横裂体，横裂为典型的单碟型横裂，横裂体脱离母体便形成碟状体，新释放的碟状幼体绝大多数为8个缘叶，8个感觉棍和8对钝圆的缘瓣；但畸形个体最多12个，最少6个缘叶。碟状体发育后长成复杂的水母体。这种以无性繁殖的时期称为"无性世代"。白色霞水母这种生活史包含"有性世代"及"无性世代"现象者，称为"世代交替"。

◆ **暴发**

已发现的霞水母有白色霞水母、发形霞水母、棕色霞水母和紫色霞水母4种。其中，白色霞水母为中国常暴发的灾害性水母。2004年，渤海辽东湾白色霞水母暴发，导致海蜇大面积减产。截至2016年底，中国发生过两起历史罕见霞水母大规模暴发，即自21世纪末起，东海、黄海近海海面出现大规模霞水母；2005年，江苏吕泗渔场有多个霞水母群从数百平方米发展到数千平方米。霞水母暴发范围广、数量大、时间长，给沿海渔业生产带来了严重影响。

◆ **危害**

影响捕捞生产。同其他霞水母一样，白色霞水母触手多而蔓长，细而易断，常缠黏于网目，堵塞网眼，增加网具阻力，容易导致网破鱼逃。同时，白色霞水母具有多而厉害的刺丝，一般鱼都躲避开，起着驱散鱼群的作用，影响渔捞量。由于霞水母分布范围广，密集度高，往往对主要捕捞作业造成很大影响。

破坏渔业资源。白色霞水母在其繁殖、生长过程中会分泌出大量毒素，大面积繁殖生长，使海水遭受污染，海洋生物、渔业资源受到严重破坏，其危害性甚于赤潮。霞水母暴发时，海洋生物、微生物大量死亡，鱼类产卵群体进入渔场数量锐减，即使幸存下来的中上层鱼类也会纷纷逃离渔场向安全区域转移，从而导致海洋渔业资源枯竭，鱼汛难以形成。此外，霞水母对幼鱼、虾、蟹及软体动物的捕食量极大，有专家分析，沿海海洋渔业资源的衰退，除捕捞强度过大外，霞水母的危害是重要原因之一。

富集同位素。白色霞水母能使放射性核素转移到依其为饵料的无脊椎动物和鱼类的体内，人类食用这些水产品后，放射性物质就向人体转移。因此，白色霞水母等浮游生物的放射性污染也间接危害人类机体。

本书编著者名单

编著者 （按姓氏笔画排列）

丁少雄	马爱军	王　峰	王　雷	王志勇
王忠明	王昭萍	尤　锋	孔　杰	叶海辉
包振民	吉　钰	成庆泰	伍汉霖	刘　勇
刘保忠	刘晓春	刘家富	刘鉴毅	闫喜武
江世贵	汤建华	许　飞	孙　明	苏永全
李　军	李富花	肖志忠	吴　强	何毛贤
张　涛	张伟杰	张全启	张秀梅	张国范
张宗航	张雪梅	陈国华	林志华	林新濯
周永东	郑小东	郑永允	郑怀平	胡　芬
柯才焕	柳学周	施兆鸿	姜志强	洪万树
柴雪良	徐汉祥	徐善良	高如承	黄伟卿
常亚青	崔朝霞	章之蓉	章龙珍	董　婧
喻子牛	温　彬	温海深	谢仰杰	楼　宝
阙华勇	潘　英	戴小杰	魏　东	